Vorschule
der
darstellenden Geometrie.

Ein Handbuch
für
Lineal- und Zirkelzeichnen
zur practischen Benutzung
für
angehende Handwerker, Maschinen- und Bau-Zeichner, Feldmesser, Architecten, Ingenieure und Schüler technischer Lehranstalten und Gewerbeschulen.

Von
A. L. Busch.

Mit einem Vorwort
von
C. G. J. Jacobi.

Zweite, vermehrte Auflage.

Berlin.
Druck und Verlag von Georg Reimer.
1868.

„Man hat bisher in unsern deutschen Landen," beginnt Albrecht Dürer seine „Unterweisung der Messung mit dem Zirkel und Richtscheit", „viel geschickte Jünger der Malerkunst ohne alle Grundlage bloß durch tägliche Uebung gelehrt, und sie also im Unverstand wie einen wilden, unbeschnittenen Baum aufwachsen lassen. Wiewohl etliche von ihnen Fertigkeit und eine freie Hand erlangt, so daß sie ihr Werk gewaltig, aber unbedacht und allein nach ihrem Gutdünken gemacht haben, so mußten doch die verständigen Maler und rechten Künstler beim Anblick solcher Werke dieser Leute ihre Blindheit belachen, weil einem rechten Verstand nichts unangenehmer auffällt denn Falschheit im Gemäld, unangesehen ob das auch mit allem Fleiß gemalt wird. Daß aber solche Maler an ihren Irrthümern Wohlgefallen gehabt, rührt davon her, daß sie die Kunst der Messung nicht gelernt, ohne die kein rechter Werkmann werden oder sein kann. Ich habe mir daher vorgenommen, für alle Kunstjünger eine Unterweisung zusammenzustellen, damit sie durch Uebung im Messen mit Zirkel und Richtscheit die rechte Wahrheit erkennen und vor Augen sehen und zu einem rechten und größeren Verstand in der Malerei kommen mögen. — In welchen Ehren diese Kunst bei den Griechen und Römern gewesen, zeigen die alten Bücher genugsam an. Nachmals ist sie aber verloren gegangen und an tausend Jahr verborgen gewesen, und erst seit zweihundert Jahren wieder durch die Wälschen an den Tag gebracht worden; denn leicht verlieren sich die Künste, aber schwer und durch lange Zeit werden sie wieder erfunden. Demnach hoffe ich, mein Vorhaben werde kein Verständiger tadeln, weil es aus guter Meinung und allen Kunstbegierigen zu Nutz geschieht, und auch nicht den Malern allein, sondern Goldschmieden, Bildhauern, Schreinern und allen denen, so das Maaß brauchen, nützlich sein mag, und ich weiß wohl, daß wer sich meiner Lehre bedient, nicht nur einen guten Grund legen, sondern auch zu einem größeren Verstand gelangen, weiter suchen und gar viel mehr erfinden wird, als ich jetzt anzeige."

Diese durch ernstes Studium und fleißige Uebung mit Zirkel und Lineal hervorgegangene Kenntniß streng geometrischer Formen und Proportionen kam Dürer hauptsächlich in der Kunst zu Statten, durch welche er am meisten das Staunen seiner Zeitgenossen und die Bewunderung der Nachwelt erregt hat, wenn, wie Erasmus in seinem Dialoge über die richtige Aussprache des Lateinischen und Griechischen sich ausdrückt, „größer wie Apelles ohne den Lockreiz der Farben bloß durch glückliche Anwendung schwarzer Linien er Schatten, Licht, Glanz, Erhöhungen, Vertiefungen, die verschiedene Stellung desselben Gegenstandes, die harmonischen Maaße, ja das zu malen Unmögliche, Feuer, Lichtstrahlen, Donner, Wetterleuchten, Blitz, Nebel, alle Sinne und Leidenschaften, die ganze menschliche Seele von der Leibesgestalt wiederstrahlend, ja fast die Stimme selbst so vor die Augen hinstellt, daß durch Hinzufügung der Farbe dem Werke nur Unrecht geschähe." Das gründliche geometrische Vorstudium erweiterte den Blick und die Sphäre der Thätigkeit jener alten Meister, Pietro Francesco, Gentile und Giovanni Bellini, Alessandro Boticelli, Philippino und Domenico Girlandaio, Pietro Perugino, Andrea Mantegna, welche, wie uns der große Mathematiker Fra Luca dal Borgo, der häufig mit ihnen in geometrischen Gesprächen verkehrte, in seiner Summa Arithmetica berichtet, immer mit Zirkel und Lineal ihre Werke proportionirten und sie so zu der Vollendung brachten, die wir an ihnen bewundern. In den dreizehn riesigen Foliobänden, welche die Pariser Bibliothek und die Ambrosiana zu Mailand aufbewahren, sieht man, in welchem Umfange Leonardo da Vinci, ebenso wie Dürer, Alles, was zu den graphischen Künsten in Beziehung stand, mag es die Proportionen des menschlichen Leibes oder der Blätter der Bäume oder mehr phantastische Ornamente, Brücken und Basiliken, die Fortification, ja die Geschützkunst betreffen, auf geometrische Constructionen zurückgeführt.

Außerdem daß das vertraute Umgehen mit Zirkel und Lineal und die sorgfältige Ausführung der geometrischen Constructionen den Sinn und das Interesse für strenge Richtigkeit weckt und schärft, und dadurch zu jeder besondern Kunst tüchtiger macht, kann eine so vielen Künsten und Gewerken gemeinschaftliche Grundlage dazu beitragen, die jetzt Statt findende Isolirung der Maler-, Bildhauer-, Goldschmiede-, Baukunst, die gegenseitige Entfremdung der verschiedenen Handwerke, die doch zu demselben Ganzen zusammenzuwirken haben, in etwas zu verringern, obschon eine solche Vereinigung, wie sie bei den hervorragenden Genien jener Zeit des großen Kunstaufschwungs, einem Dürer, Leonardo, Buonarotti gesehen wurde, nicht wohl fürder möglich ist.

Das vorliegende Büchlein behandelt denselben Gegenstand, verfolgt die nämlichen Zwecke und sucht dieselben Bedürfnisse zu befriedigen, wie jenes oben angeführte Werk Dürer's; daher es mir nicht unpassend schien, dasselbe mit den Worten einzuleiten, die der große Meister seiner Schrift vorsetzt, welche die erste ihrer Art in deutscher Sprache gewesen ist. Wenn das vorliegende Buch die erfreulichste Bekanntschaft des Verfassers mit den neueren Constructionsmitteln verräth, so trifft man doch darin auch gern noch hie und da einige der in jenem alten Werke enthaltenen Vorschriften, wie z. B. die zur angenäherten Construction eines dem Kreise einzuschreibenden Siebenecks. Denn es hat sich aus demselben noch gar Manches durch Uebergehen in spätere Werke, wie die „Praktische Geometrie" und die „Mathematischen Erquickstunden" des gelehrten Schwenter, in der Tradition der Kunstschulen erhalten. Ja wenn man sich nicht über den Reichthum verwundern müßte, den unser Verfasser in den kleinsten Raum zusammenzudrängen gewußt hat, möchte man wünschen, es wäre noch Mehreres aus dem Dürerschen oder verwandten Werken aufgenommen, insbesondere außer den Kegelschnitten die Construction noch anderer in den Künsten vorkommenden Curven, von denen sich hier nur der sogenannte gedruckte Bogen findet. Sehr zu loben ist die den angenäherten Lösungen beigefügte Vergleichung der Zahlen, welche die Construction und die strenge Rechnung giebt. Das bequeme Format und die große Zweckmäßigkeit der ganzen Einrichtung empfehlen das Buch sogleich beim ersten Anblick.

Wenn der Verfasser sein Buch für angehende Handwerker, Maschinen- und Bauzeichner, Feldmesser, Architecten, Ingenieure und Schüler technischer Lehranstalten und Gewerbeschulen bestimmt, und man nach den angeführten großen Autoritäten diesen noch die

Jünger der Maler=, Bildhauer= und Goldschmiedekunst beifügen kann, so glaube ich doch, daß in einem solchen Buche nicht die Künstler und Gewerkleute allein eine nützliche Unterweisung und Vorbereitung finden, sondern daß es auch für den wissenschaftlichen Unterricht in der Geometrie, wie ihn Gymnasien und höhere Bürgerschulen gewähren sollen, eine treffliche Vorschule abgiebt. Die Strenge der geometrischen Beweise ist eine Erfindung der Griechen, welche dem menschlichen Verstande nur zur höchsten Ehre gereicht. Aber sie ist nur dem reiferen Knaben= und angehenden Jünglingsalter eine passende und gesunde Nahrung, und dann nebst der Grammatik eine wahre Zucht des Verstandes. Dem Knaben, dem diese Welt der geometrischen Formen noch eine gänzlich fremde ist, mit den ersten Vorstellungen, die man ihm davon überliefert, zugleich schon zuzumuthen, sich darin in der Weise folgerechten Denkens nach systematischem Fortschritt zu bewegen, scheint keine gute Pädagogik. Ich schreibe diesem Mißverhältniß hauptsächlich das beachtenswerthe Phänomen zu, daß zwar von den anderen Unterrichtsgegenständen eine Färbung, ein Interesse im späteren Leben zurückzubleiben pflegt, von den mathematischen dagegen bei der großen Mehrzahl der Lernenden jede Spur bis auf die Erinnerung schwindet, während doch gerade diese Formen, diese Proportionen, deren Gesetzmäßigkeit und Zusammenhang den jugendlichen Scharfsinn beschäftigt hat, uns auch in der Folge fortwährend umgeben und ihre Fragen an uns richten. Pestalozzi hatte von dem einzuschlagenden Wege eine richtige Vorstellung, aber aus Mangel an positiven Kenntnissen konnte er seiner Methode keinen Leib verleihen, ließ er sie im Ab= und Aufzählen der Stücke nach einem leeren Schematismus combinirter Figuren verflattern. Ein Werk von der Tendenz und Ausführung des vorliegenden giebt dem mathematischen Gymnasiallehrer eine treffliche Anleitung, die Schüler mit jenen Begriffen und Formen zuvörderst zu befreunden, durch selbstthätiges Schaffen ihre Lust daran zu erregen, um dann das erweckte Bedürfniß eines vollkommenen Verständnisses in der folgenden Altersstufe durch den strengen Beweis zu befriedigen. Selbst der, welchem nach dieser Seite hin nur geringe Fähigkeit zum folgerechten Schließen verliehen wäre, würde doch nicht ganz Schiffbruch leiden, sondern könnte sich einen werthvollen Besitz retten, die durch Anschauung und eigene Ausführung mit Zirkel und Lineal erworbene vertraute Kenntniß geometrischer Formen.

Berlin, den 19. Juni 1846.

C. G. J. Jacobi.

Vorrede.

Die beschreibende oder darstellende Geometrie ist schon lange, nachdem ihr practisches Bedürfniß immer mehr und mehr erkannt worden, in den meisten technischen Lehranstalten und Gewerbeschulen ein Hauptgegenstand des Unterrichtes geworden, und ihr längst anerkannter, vor Kurzem in einer kleinen interessanten Schrift*) näher auseinander gesetzter Einfluß auf die Geometrie läßt erwarten, daß sie sich auch bald, wie solches schon hie und da geschehen, in den übrigen öffentlichen Unterrichtsanstalten eines günstigen Platzes bei dem Unterrichte in der Mathematik zu erfreuen haben wird.

Das Bedürfniß guter Lehrbücher in dieser Wissenschaft für die Schüler solcher Anstalten ist auch größten Theils befriedigt worden, allein die practische Gewandtheit in der Handhabung des Zirkels und Lineals, welche als das Element alles Zeichnens bei dem Beginne des Unterrichtes in der Projectionslehre vorausgesetzt werden muß, und die theoretischen Vorkenntnisse in der Constructionslehre sind bei den meisten Schülern stets so geringe,

*) Ueber den Einfluß der Projectionslehre auf die neuere Geometrie, von Dr. C. T. Anger, Professor am Gymnasium und Director der Königl. Provinzial-Gewerbeschule zu Danzig. Danzig 1845.

daß der Lehrer sich fast immer genöthigt sieht, diesen Elementen eine längere Zeit seines Unterrichtes zu widmen, wenn er seine Schüler nicht auf Schwierigkeiten stoßen sehen will, welche der Projectionslehre selbst ganz fremd sind. Zwar fehlt es nicht an Anleitungen zum Zeichnen mit Lineal und Zirkel, und der Verfasser hätte die Zeit nicht darauf verwandt, die Anzahl derselben um eine neue zu vermehren, wenn ihm unter allen ein Werk zu Gesichte gekommen wäre, welches von unnützen und unbrauchbaren Constructionen frei wäre, unbequeme Sonderung des Textes von den Figuren und großes Format vermiede, und vor Allem eine solche Vollständigkeit des Gegenstandes besäße, um als Vorschule bei dem Unterrichte in der darstellenden Geometrie dienen, und zugleich auch dem mathematischen Lehrer manchen Stoff zu häuslichen Aufgaben für die Schüler darbieten zu können.

Der Verfasser hat in den Anleitungen dieser Art manche für das practische Linearzeichnen nie in Anwendung kommende Construction gefunden, dagegen viele für die Praxis wichtige vermißt, wie z. B. die schönen von Mascheroni gegebenen Constructionen, den Kreis mit alleiniger Anwendung des Zirkels in eine gewisse Anzahl gleicher Theile zu theilen, und über einer gegebenen Seite ein reguläres Vieleck von einer gegebenen Anzahl Seiten zu construiren, eben so wie die Anwendung der geometrischen Oerter, die in der Praxis häufig leichter als andere mathematische Auflösungsmethoden zum Ziele führt.

Nur erst dann, wenn der Schüler, mit den im Buche enthaltenen Constructionen vertraut geworden, jede einzelne genau und sauber im Großen, etwa auf einem Quartblatte, auszuführen im Stande ist, und dadurch Gewandtheit mit Zirkel und Lineal umzugehen erlangt hat, wird er die verwickelteren in der darstellenden

Geometrie und in der Perspective vorkommenden Zeichnungen mit Leichtigkeit ausführen können.

In der That sind durch diese Methode des ersten Zeichnenunterrichts allein Viele, welche mit dem Verfasser das Glück hatten, in der Danziger Kunstschule Schüler des verstorbenen genialen Breysigs gewesen zu sein, dahin gelangt, die complicirtesten Linearzeichnungen mit Genauigkeit und Fertigkeit zu entwerfen und auszuführen.

Sollten die folgenden Blätter den eben gestellten Anforderungen Genüge leisten, und dadurch der Wunsch vieler Practiker, ein kleines, brauchbares Handbuch dieser Art, so wie der Lehrer in der darstellenden Geometrie, ein Hülfsmittel für den ersten Unterricht im Linearzeichnen zu besitzen, erfüllt werden, so würde sich für seine darauf verwandte Mühe reichlich belohnt fühlen

Königsberg, im Februar 1846.

der Verfasser.

Zur zweiten Auflage.

Nach dem Tode des Herrn A. L. Busch erscheint dessen „Vorschule der darstellenden Geometrie“ hier in einer von einem Fachgenossen besorgten zweiten Auflage.

Dieselbe hat einige Bereicherungen erfahren, welche durch die nun allgemeiner gewordene Verbreitung mathematischer Kenntnisse gerechtfertigt sein mögen.

Möge die neue Auflage dem Büchlein die alten Freunde erhalten, neue gewinnen und ebensoviel Nutzen stiften als die erste.

Berlin, im April 1868.

Aufgabe 1.

Auf einer geraden Linie ab in einem geg. P. m ein Loth zu errichten.

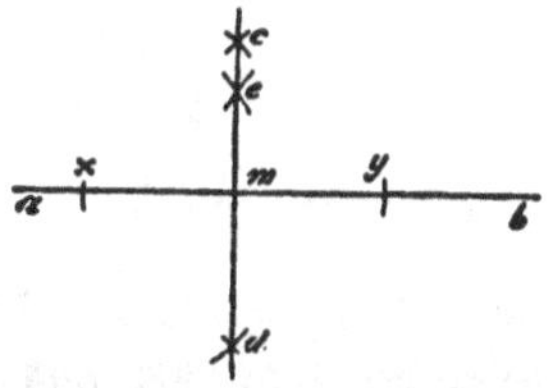

Aufl. Mit einer beliebigen Zirkelöffnung mache man mx = my, beschreibe mit einer größeren Zirkelöffnung aus den Mittelpunkten x und y die Bogen bei c und d und ziehe die Gerade cd, welche durch den Punkt m geht.

Bemerkung. Ist unterhalb der Linie ab kein Raum für die Bogen bei d, so beschreibe man aus x und y noch die Bogen bei e, so wird die gerade Linie durch c und e auch durch m gehen. Um mit Sicherheit durch zwei Punkte mit dem Lineal eine Linie zu ziehen, ist es stets vortheilhaft, noch einen dritten Punkt zu haben, der in derselben Geraden liegt.

Aufgabe 2.

Durch einen geg. P. m außerhalb einer geraden Linie ab auf dieselbe ein Perpendikel zu fällen.

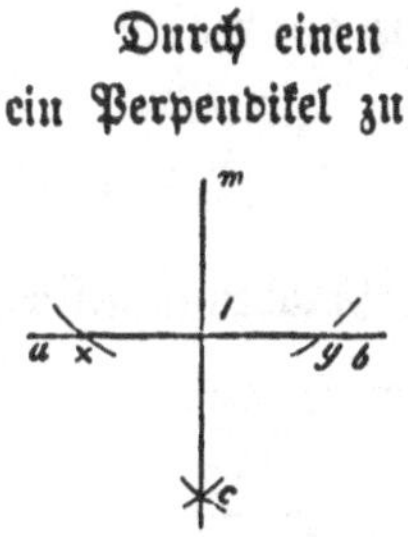

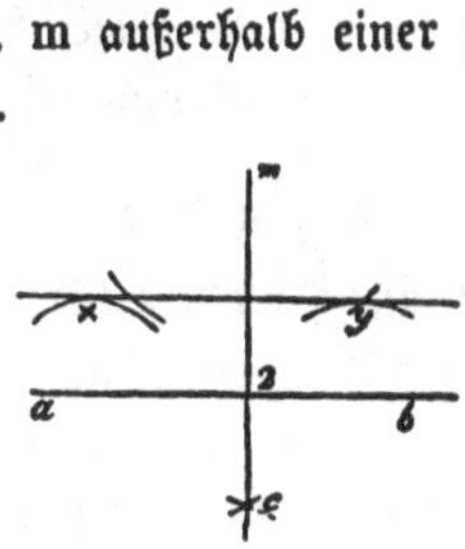

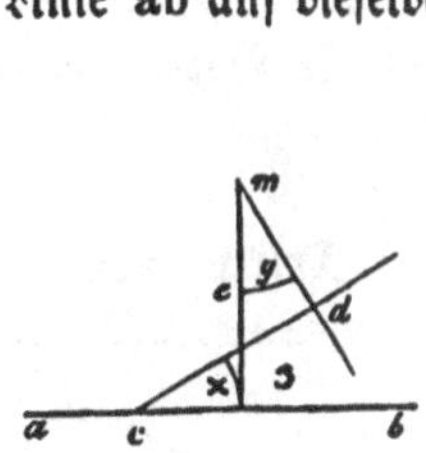

Aufl. Aus m (1) schneide man mit einer möglichst großen Zirkelöffnung die Linie ab in x und y, beschreibe aus den Mittelpunkten x und y die Kreuzbogen bei c und ziehe mc. Ist m so weit von ab (2) entfernt, daß keine Zirkelöffnung ab schneidet, so zeichne man aus zwei beliebigen Punkten in ab mit gleichem Radius die Bogen x, y, ziehe eine beide Bogen berührende Gerade und fälle auf diese von m aus nach (1) das Perpendikel mc. Oder, man ziehe beliebig cd (3), fälle darauf aus m das Perpendikel md und mache den Bogen y = x, so ist, wenn man mc zieht, diese Linie senkrecht auf ab.

Aufgabe 3.

Auf einer geraden Linie in deren Endpunkte ein Perpendikel zu errichten.

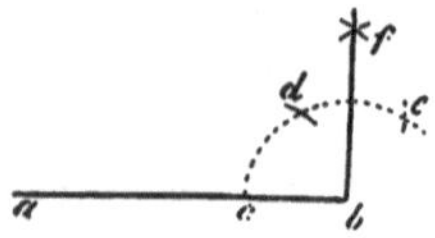

Aufl. 1. Mit einem beliebigen Radius beschreibe man aus b den Bogen ce, mache cd = de = bc, beschreibe aus d und e die Kreuzbogen bei f und ziehe bf.

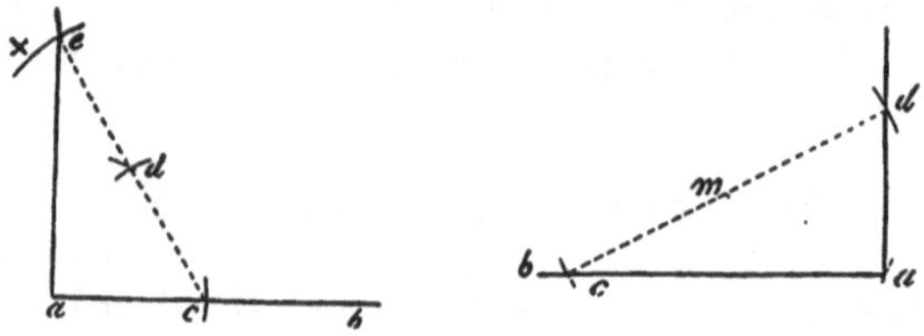

Aufl. 2. Auf ab nehme man beliebig den Punkt c an, beschreibe mit ac als Radius aus a und c die Bogen bei d und aus d den Bogen x. Ziehe die Gerade cd, welche den Bogen x in e schneidet, und verbinde a mit e. Oder: beschreibe aus dem beliebigen Punkte m mit dem Radius ma die Bogen bei c und d, ziehe cmd und ad.

Aufgabe 4.

Durch einen geg. Punkt a eine Parallele mit einer geg. Geraden zu ziehen.

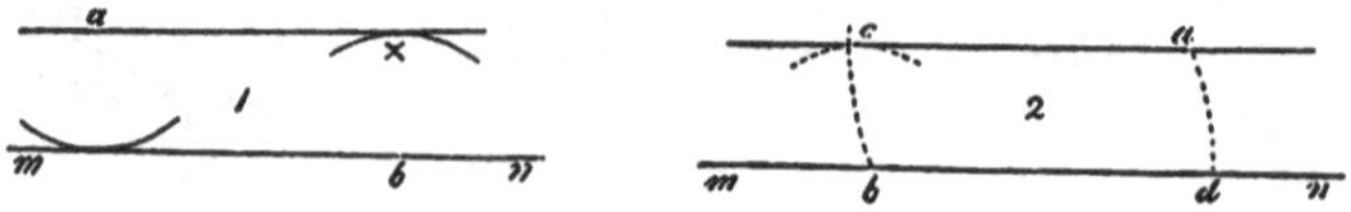

Aufl. Man setze den Zirkel in a (1) ein und zeichne einen die Linie mn berührenden Bogen, setze beliebig in b ein, zeichne mit derselben Oeff=

nung des Zirkels den Bogen x und ziehe durch a eine Gerade, welche den Bogen x berührt. Oder: Man zeichne aus a (2) mit beliebiger Oeffnung des Zirkels den Bogen bc, aus b den Bogen ad, nehme ad in den Zirkel, mache bc = ad und ziehe ac.

Bemerkung. Die bisherigen Aufgaben lassen eine einfachere Lösung ohne Benutzung des Zirkels zu, wenn man sich zweier rechtwinkligen Dreiecke bedient, welche doch jeder besitzen muß, der zu irgend einem Zwecke genaue Zeichnungen anzufertigen hat.

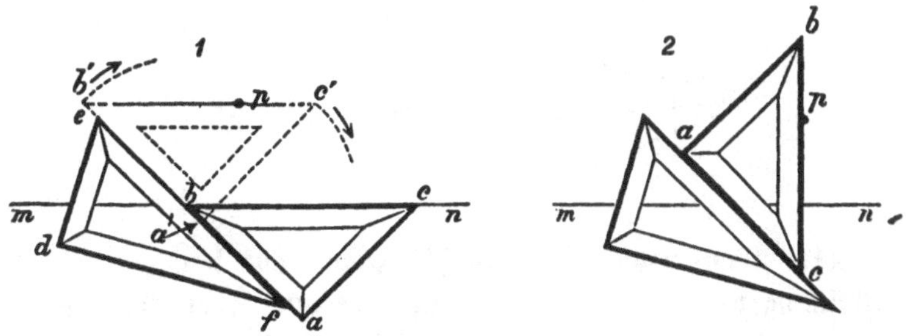

Es ist zweckmäßig, wenn von den Dreiecken das eine ein rechtwinklig gleichschenkliges ist, wie abc in der Fig. 1 und das andere die Hälfte eines gleichseitigen Dreiecks ist, wie def.

Vor dem Gebrauche sind diese Dreiecke sorgfältig zu prüfen, ob die einzelnen Seiten wirklich gerade, ob die Winkel bei a und d genau Rechte (R = 90°) sind, ob die spitzen Winkel b und c einander gleich sind (jeder ist gleich ½ R oder 45°), endlich ob der Winkel e genau doppelt so groß ist als der Winkel f (es ist Winkel e = ⅔ R oder 60°, W. f = ⅓ R oder 30°). Wenn sich eine bemerkbare Ungenauigkeit herausstellt, so muß derselben abgeholfen werden.

Handelt es sich nun um die Auflösung der Aufgabe 4, so lege man das Dr. abc (1) mit der längsten Seite bc an die geg. Gerade mn genau an, schiebe das Dr. def mit der längsten Seite ef an ab an, halte dasselbe fest und verschiebe abc längs ef, bis bc in die Lage b'c' gelangt und man durch den geg. P. p die Parallele ziehen kann.

Handelt es sich aber um die Auflösung einer der Aufgaben 1, 2 oder 3, so verfahre man, wie eben angegeben (1) und drehe, während Dr. def festgehalten wird, Dr. abc um die Ecke des rechten Winkels a oder a' herum, bis es mit der Seite ac an ef anliegt (2). Hierauf verschiebe man es so lange längs ef, bis man längs bc durch den geg. P. p das Perpendikel auf mn ziehen kann.

Sollte beim ersten Male durch Verschieben der geg. P. nicht erreicht werden können, so verschiebe man das erste Dreieck so weit als thunlich und halte es sodann fest. Hierauf lege man das zweite Dreieck aufs Neue in geeigneter Weise an das erste an, halte es wieder fest und verschiebe das erste wiederum u. s. w.

Diese Art der Auflösung der genannten Aufgaben ist in vielen Fällen der Anwendung den oben gegebenen vorzuziehen und kann die Einübung derselben Anfängern nicht genug anempfohlen werden.

Ueberhaupt können diese beiden Dreiecke dazu dienen, Winkel von $\frac{1}{3}$ R $= 30°$, $\frac{1}{2}$ R $= 45°$, $\frac{2}{3}$ R $= 60°$ zu zeichnen, ohne daß man dazu eines Zirkels bedürfte.

Aufgabe 5.

Einen gegebenen Winkel zu halbiren.

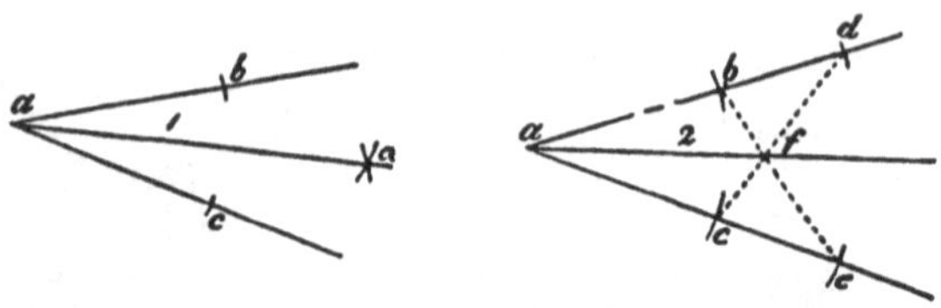

Aufl. Man mache ab = ac (1), zeichne aus b und c mit gleicher Zirkelöffnung die Kreuzbogen in d und ziehe ad. Oder: Man mache (2) ab = ac; ad = ae, und verbinde den Schnittpunkt f von be und cd mit a.

Aufgabe 6.

Einen Winkel, dessen Spitze außerhalb der Grenzen der Zeichnung liegt, zu halbiren.

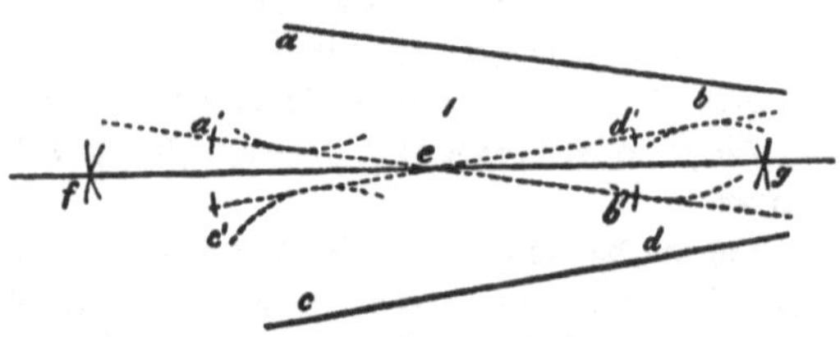

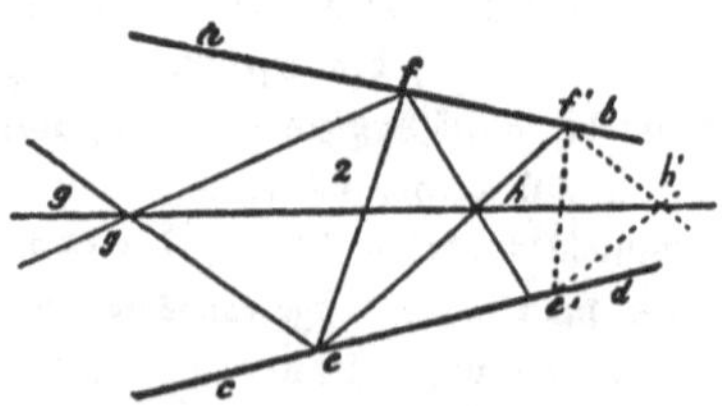

Aufl. 1. Man ziehe mit den Schenkeln ab, cd des gegebenen Winkels in gleicher Entfernung die Parallelen a'b', c'd' so, daß sie sich in e schneiden und halbire dann den Winkel a'ec' oder b'ed' und ziehe fg.

Aufl. 2. Ist der Winkel sehr klein, so wird der in der ersten Auflösung gefundene Schnittpunkt e sich nicht ohne Weiteres genau angeben lassen; in diesem Falle ziehe man ef, Fig. 2, beliebig quer durch ab und cd hindurch, halbire die Winkel, die dann entstehen, und verbinde die Schnittpunkte g und h der Halbirungslinien durch gh. Am genausten verfährt man, wenn man zwei so weit als möglich von einander entfernte Querlinien ef, e'f' zieht, die Punkte g und h' sucht und diese mit einander verbindet.

Aufgabe 7a.

Eine gerade Linie ab nach einem gegebenen Verhältniß oder in eine bestimmte Anzahl gleicher Theile zu theilen.

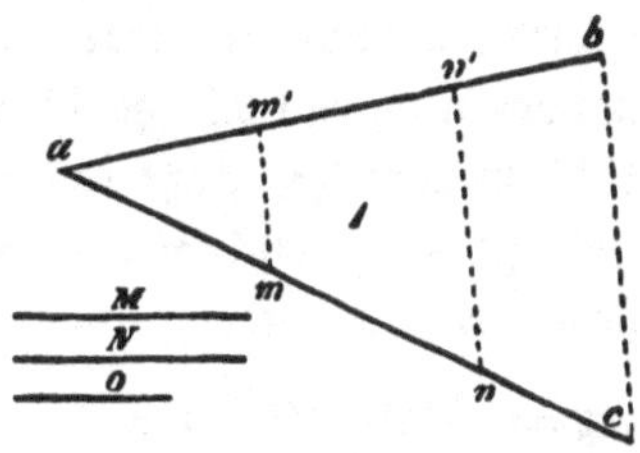

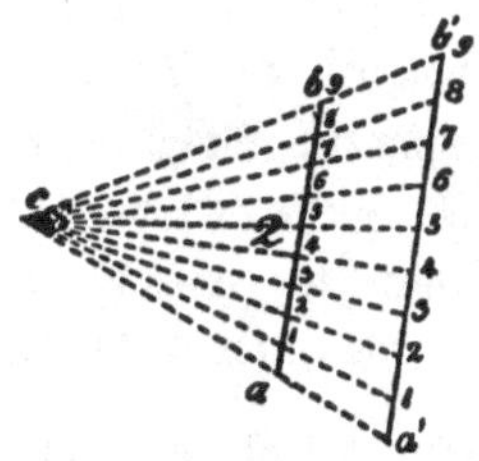

Aufl. Man ziehe durch einen Endpunkt a (1) der gegebenen Linie eine beliebige Linie ac, trage auf diese am = M, mn = N, nc = O ab und verbinde b mit c, ziehe dann durch m, n Parallelen mit bc bis ab, so wird durch die Schnittpunkte m', n' die Linie ab nach dem Verhältnisse M : N : O getheilt. Auf dieselbe Weise kann man die Linie ab, wenn man am = mn = no ꝛc. macht, in beliebig viel gleiche Theile theilen. Man kann aber auch, um ab in eine gegebene Anzahl gleicher Theile zu theilen, a'b' (2) parallel ab ziehen, auf diese gleiche Theile abtragen und aa', bb' bis zum Schnittpunkte c ziehen. Verbindet man nun c mit den Theilpunkten 1. 2. 3. ꝛc. in a'b', so wird ab durch die Schnittpunkte dieser Linie in dieselbe Anzahl gleicher Theile getheilt. Genauer wird die Construction, wenn man die gleichen Theile in a'b' so groß annimmt, daß immer a'b' größer als ab wird.

Aufgabe 7b.

Den n^{ten} Theil einer Linie ab zu bestimmen.

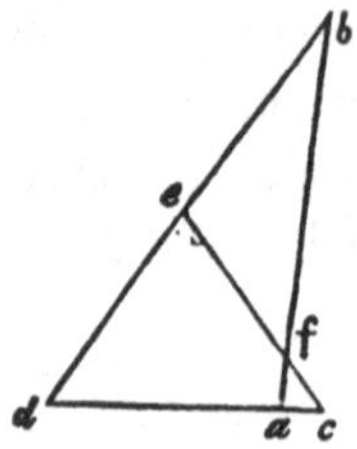

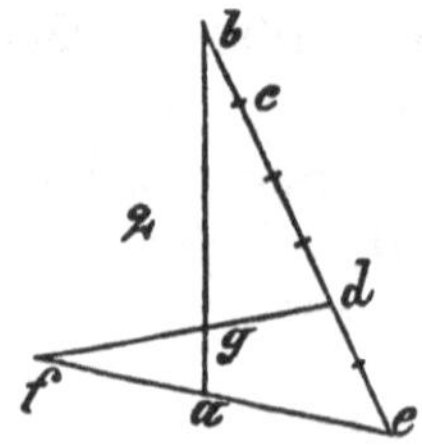

Aufl. 1. Man ziehe durch a eine beliebige Linie dc, trage von a aus nach der einen Seite hin ein beliebiges Stück ac einmal, nach der anderen Seite hin von a nach d dasselbe n—2 mal ab, verbinde d mit b und den Mittelpunkt e von db mit c, so ist af der n^{te} Theil von ab. Soll z. B. von ab der 7te Theil gefunden werden, so trage man das beliebig angenommene Stück ac von a nach d 5 mal ab, so ist af $= \frac{1}{7}$ab.

Aufl. 2. Ziehe (2) von b aus die Gerade be, trage auf dieselbe ein beliebiges Stück bc $(n-1)$ mal und $(n+1)$ mal ab, so daß bd $= (n-1) \cdot$ bc, be $= (n+1)$ bc; ziehe eaf und mache af $=$ ea. Die Gerade df schneidet ab in g, so daß ag $= \frac{1}{n}$ ab. (In der Fig. ist $n = 5$.)

Aufgabe 8.

Gerade Linien nach gegebenem Verhältnisse mittelst eines Hülfswinkels zu verkleinern oder zu vergrößern.

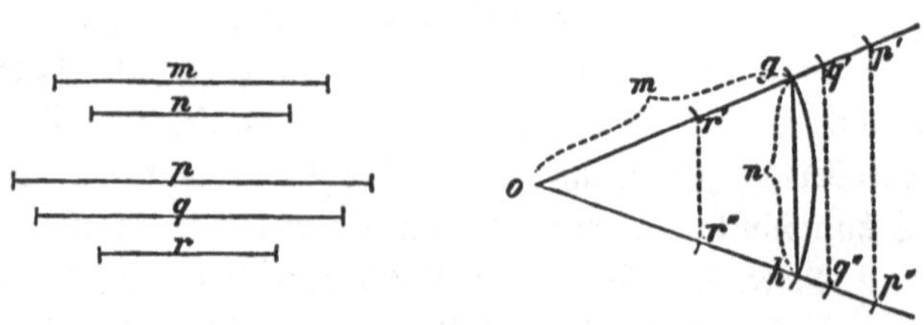

Aufl. p, q, r sollen im Verhältnisse m zu n verkleinert werden. Beschreibe um o einen Kreisbogen mit dem Radius m und trage n als Sehne gh in denselben ein. Ziehe og und oh. Hierauf beschreibe mit p, q, r als Radien um o als Mittelpunkt Kreisbogen, welche die Schenkel og und oh des Hülfswinkels schneiden; die Sehnen p′p″, q′q″, r′r″ sind die gesuchten Verkürzungen.

Bemerkung. Ebenso verfährt man bei Vergrößerungen, wenn das Vergrößerungsverhältniß kleiner ist als 1 : 2. Ist dasselbe aber etwa 5 : 13, so nehme man von der kleineren Linie entweder das Doppelte und vergrößere im Verhältniß 10 : 13, oder man nehme das Dreifache und verkleinere im Verhältniß 15 : 13; und in anderen Fällen diesem analog.

Diese Construction wendet man an, wenn man eine Zeichnung in einem anderen Maßstabe copiren will, indem man ähnliche Dreiecke zeichnet, deren Seiten im gegebenen Verhältnisse verkleinert oder vergrößert sind.

Aufgabe 9.

Den Durchschnittspunkt zweier geraden Linien, die sich unter einem kleinen Winkel schneiden, genauer zu bestimmen.

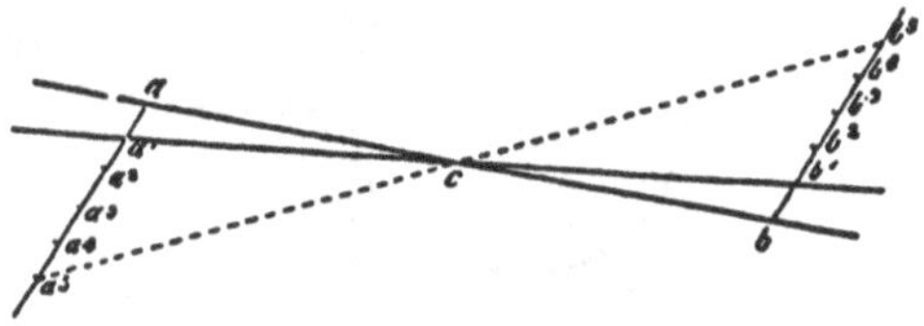

Aufl. Man ziehe zu beiden Seiten des Schnittpunktes c in entgegengesetzter Richtung zwei Parallelen, trage die Stücke aa′, bb′ auf diese gleich oft ab und verbinde die gleichnamigen Punkte, wie hier a^5 mit b^5, so geht diese Linie ebenfalls durch den Schnittpunkt c.

Aufgabe 10.

Die Durchschnittspunkte zweier Kreise, die sich unter einem kleinen Winkel schneiden, genauer zu bestimmen.

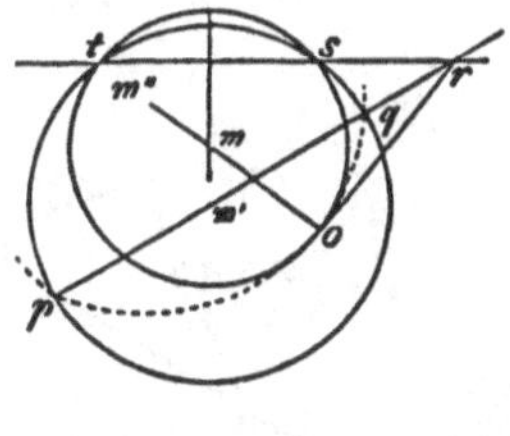

Aufl. Man ziehe aus einem beliebigen Punkte m″ durch den Mittelpunkt m des kleineren Kreises m″m bis o, aus m″ schneide man mit m″o den größeren Kreis in p und q, und errichte auf m″o in o eine Senkrechte; aus dem Schnittpunkte r fälle man ein Perpendikel auf die Verbindungslinie beider Mittelpunkte m m', so geht dieses durch die Schnittpunkte beider Kreise s und t.

Berühren sich die beiden Kreise, d. h. fallen s und t zusammen, so findet man den Berührungspunkt genauer, wenn man den Durchschnittspunkt beider Kreise mit der Verbindungslinie ihrer Mittelpunkte aufsucht.

Aufgabe 11.

Durch einen gegebenen Punkt in der Peripherie eines Kreises eine Tangente zu ziehen.

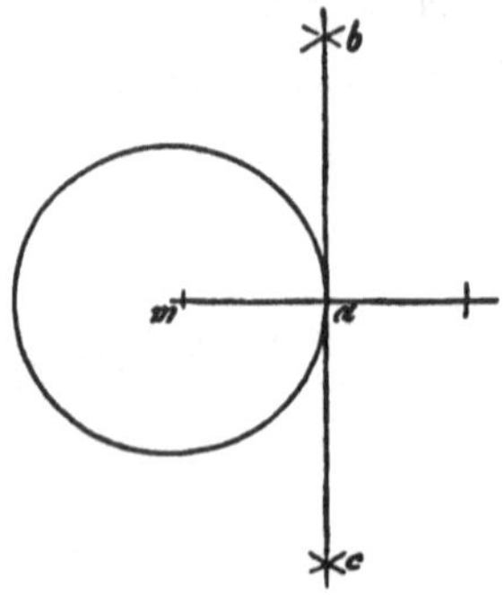

Aufl. Man ziehe den Radius ma und errichte in a auf ma ein Perpendikel bc.

Bemerkung. Ist die Tangente bc an den Kreis gegeben, so findet man den Berührungspunkt a derselben genauer, wenn man von m auf bc ein Loth ma fällt.

Aufgabe 12.

Durch einen außerhalb eines Kreises gegebenen Punkt eine Tangente an den Kreis zu ziehen.

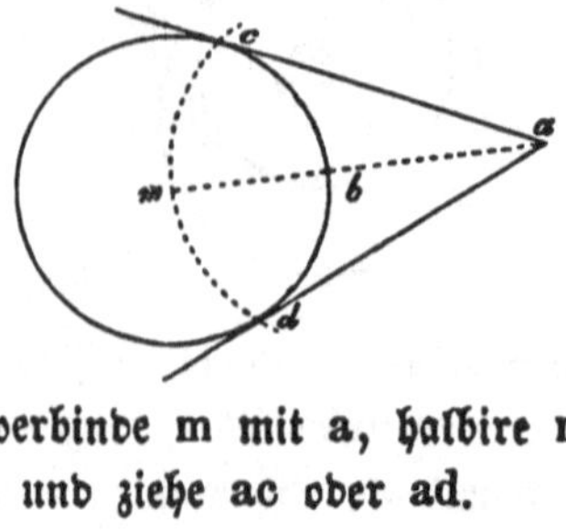

Aufl. 1. Man verbinde m mit a, halbire ma in b, schneide aus b mit bm in c und d und ziehe ac oder ad.

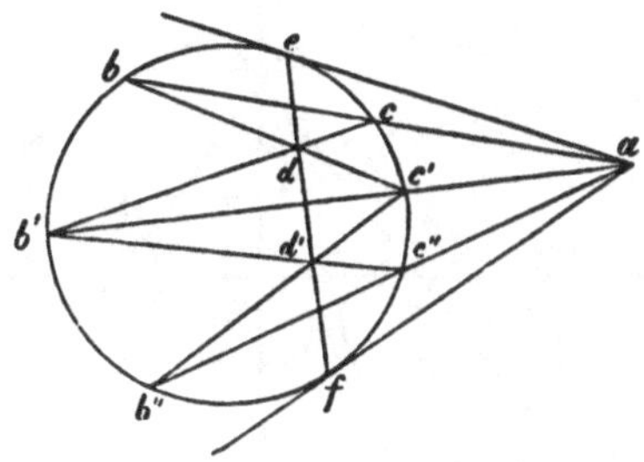

Aufl. 2. Man ziehe von a aus drei beliebige Sekanten ab, ab′, ab″, welche den Kreis noch in c, c′, c″ schneiden und verbinde kreuzweise die Punkte b, c′; b′, c, eben so b′, c″; b″, c′, wodurch man die Schnittpunkte d, d′ erhält; die Verbindungslinie derselben geht durch die Berührungspunkte e und f.

Bemerkung. Wenn man b′b und c′c ziehen würde, so würde auch deren Durchschnittspunkt auf der Geraden ef liegen. Die Gerade ef heißt Polare des Punktes a und der Punkt a heißt Pol der Geraden ef. Während sich nur von solchen Punkten, welche außerhalb des Kreises liegen, Tangenten an denselben legen lassen, giebt es zu jedem äußeren oder inneren Punkte a in Bezug auf einen gegebenen Kreis eine Polare: man lege durch a zwei gerade Linien, welche den Kreis in den Punkten b, c und b′, c′ schneiden mögen; der Durchschnittspunkt von bc′ und b′c heiße d, derjenige von bb′ und cc′ heiße δ, so ist die Gerade $d\delta$ die Polare von a.

Construirt man zu allen Punkten einer gegebenen Geraden die Polaren, so schneiden sich diese in einem und demselben Punkte, dem Pole der Geraden. Dies gewährt ein Mittel, zu einer gegebenen Geraden den Pol zu construiren, indem man auf derselben 2 Punkte annimmt, zu diesen die Polaren construirt und deren Durchschnittspunkt sucht.

Es ist zu bemerken, daß diese Constructionen, wenn der Kreis gezeichnet vorliegt, mit alleiniger Anwendung des Lineals ausgeführt werden und daß dieselben unverändert für alle Kegelschnitte, also für die Ellipse, Parabel und Hyperbel gelten.

Aufgabe 13a.

Zu zwei gegebenen Kreisen die Linie gleicher Tangenten (Potenzlinie) zu finden.

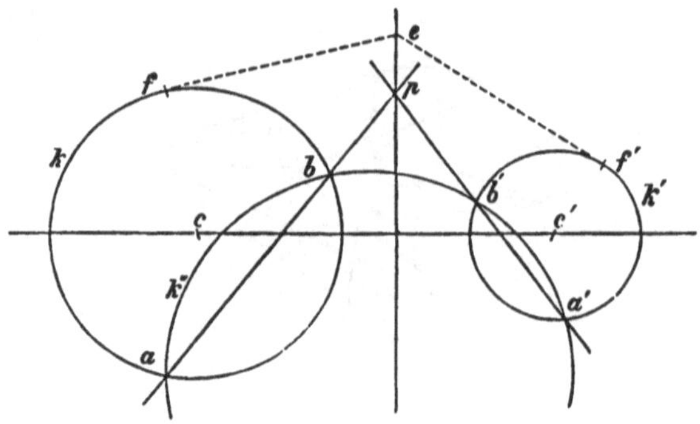

Aufl. Wenn sich beide Kreise schneiden, wie k und k'', so ist die Potenzlinie die Verbindungslinie ihrer Durchschnittspunkte a und b; wenn sie sich berühren, ist dieselbe die gemeinschaftliche Tangente im Berührungspunkte. Wenn sich beide Kreise nicht schneiden, wie k und k', so zeichne man einen dritten Kreis k'', welcher k in a und b, k' in a' und b' schneidet. Ziehe ab und a'b', welche sich in p schneiden. Von p fälle auf cc' ein Loth ep, so enthält dieses alle diejenigen Punkte, von denen aus sich an beide Kreise gleich lange Tangenten ziehen lassen. Es ist z. B. ef = e'f'.

Einen Punkt kann man auch als einen Kreis ansehen, dessen Radius nämlich (unendlich klein) gleich Null ist. Die Potenzlinie für einen Punkt und einen Kreis ist der Polare des Punktes in Bezug auf den Kreis parallel und hat von dem Punkte und seiner Polare gleichen Abstand. —

Construirt man zu je zweien von 3 Kreisen die Potenzlinien, so müssen sich diese in einem und demselben Punkte (Potenzcentrum dreier Kreise) schneiden. Man zeichne die hierdurch angegebene Figur, wenn keiner der drei Kreise von einem anderen geschnitten wird.

Aufgabe 13b.

Den äußeren (inneren) Aehnlichkeitspunkt zweier Kreise zu finden.

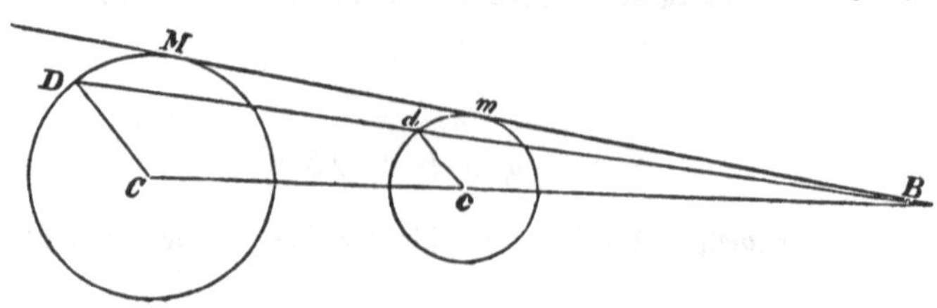

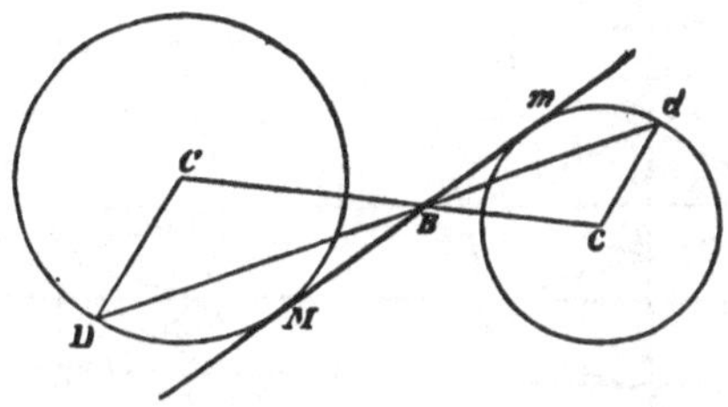

Aufl. Man verbinde beide Mittelpunkte Cc, ziehe auf einerlei Seite (auf verschiedenen Seiten) von Cc zwei parallele Radien CD, cd und ziehe Dd, welche Cc in B schneidet.

Der Punkt B heißt im Falle der ersten Figur der äußere, im Falle der zweiten Figur der innere Aehnlichkeitspunkt.

Sind drei Kreise gegeben und verbindet man dieselben zu je zweien, so erhält man drei äußere und drei innere Aehnlichkeitspunkte. Von diesen liegen die drei äußeren unter sich, und jeder äußere mit zwei inneren in gerader Linie. Man zeichne die hierdurch angegebene Figur.

Aufgabe 13c.

An zwei gegebene Kreise eine gemeinschaftliche Tangente zu ziehen.

Aufl. 1. Man verfahre wie in Aufgabe 13b. und ziehe von B aus an den einen Kreis eine Tangente, so ist diese zugleich Tangente des anderen.

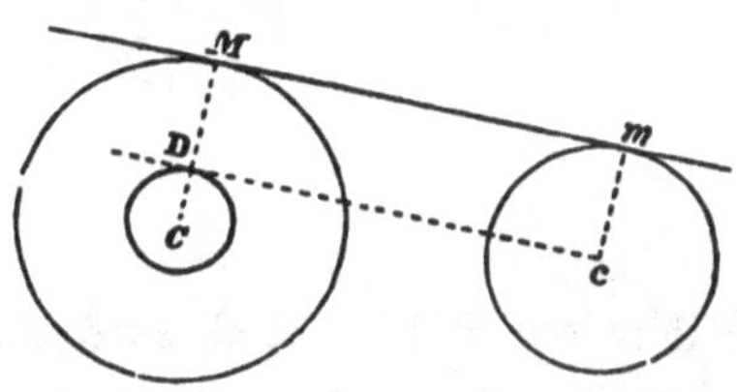

Aufl. 2. Man beschreibe aus C mit dem Radius CD = CM — cm einen Kreis, zeichne an denselben aus c die Tangente cD, auf dieser errichte man die Senkrechten CM, cm und ziehe Mm.

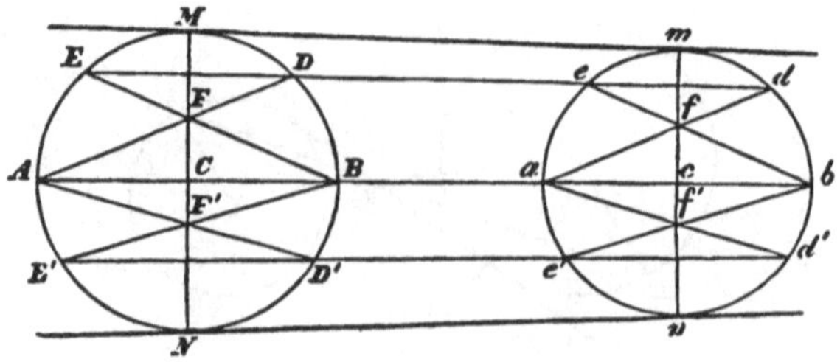

Aufl. 3. Sind die Radien beider Kreise beinahe gleich, dann ziehe man Cc, welche beide Kreise in A, B und a, b schneidet, ziehe aus A, AD beliebig und ad parallel, verbinde D mit d, wodurch man die Punkte E und e erhält, zieht man nun BE, be, so erhält man die Schnittpunkte F und f. Auf gleiche Weise erhält man unterhalb Cc die Schnittpunkte F' und f', verbindet man nun F mit F' und f mit f', so erhält man die Punkte M, N und m, n und Mm oder Nn als gesuchte Tangente.

Aufgabe 14.

Zwischen zwei gegebenen geraden Linien Kreise zu construiren, die einander und auch die geraden Linien berühren.

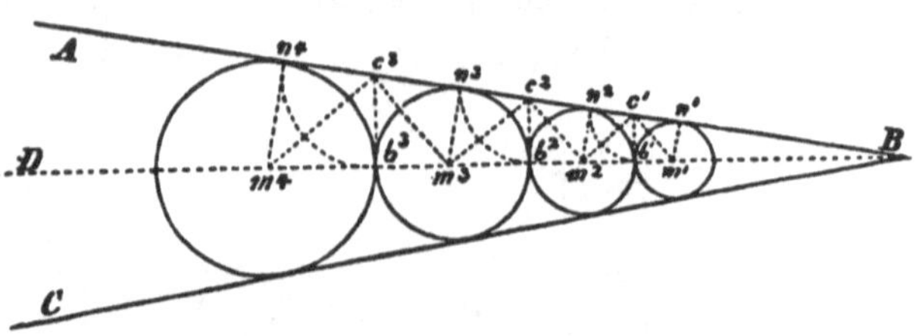

Aufl. Man halbire den Winkel ABC durch BD, ziehe m'n' senkrecht auf AB und beschreibe aus m' mit m'n' einen Kreis, aus b' ziehe man b'c' senkrecht auf BD, mache $c'n^2 = c'b'$ und ziehe n^2m^2 senkrecht auf AB, oder man halbire den Winkel $b'c'n^2$ durch $c'm^2$, so gelangt man zum Mittelpunkte m^2 des folgenden Kreises. Fängt man die Construction mit dem größten Kreise aus m^4 an, so ziehe man b^3c^3 senkrecht auf BD und halbire den Winkel $b^3c^3n^3$ durch c^3m^3, so erhält man dadurch den Mittelpunkt m^3 des nächstfolgenden kleineren Kreises.

Aufgabe 15.

Mit einem gegebenen Radius m einen Kreis zu beschreiben, der zwei gegebene Kreise berührt.

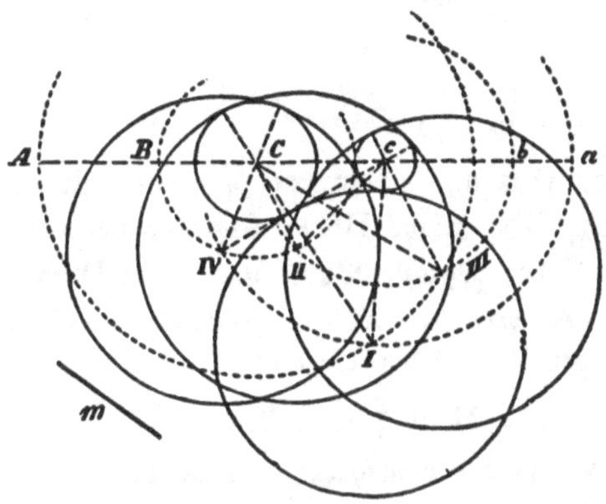

Aufl. Man verbinde die Mittelpunkte der gegebenen Kreise Cc, mache

$$AC = m + R, \quad BC = m - R$$
$$ac = m + r, \quad bc = m - r$$

wo R und r die Radien beider gegebenen Kreise bezeichnen und beschreibe mit AC und BC um C, mit ac und bc um c zwei concentrische Kreise, so ist der

Schnittpunkt I der Mittelpunkt des Kreises, der beide gegebene Kreise ausschließend berührt;

II der Mittelpunkt des Kreises, der beide gegebene Kreise einschließend berührt;

III der Mittelpunkt des Kreises, der den größeren ausschließend, den kleineren einschließend berührt;

IV der Mittelpunkt des Kreises, der den größeren einschließend, den kleineren ausschließend berührt.

Auf der anderen Seite von Cc liegen ebenfalls vier Mittelpunkte zu Kreisen, welche den gestellten Forderungen genügen.

Aufgabe 16.

In einer Geraden einen Punkt so zu bestimmen, daß die Verbindungslinien desselben mit zwei auf derselben Seite der Geraden liegenden Punkten gleiche Winkel mit der Geraden bilden.

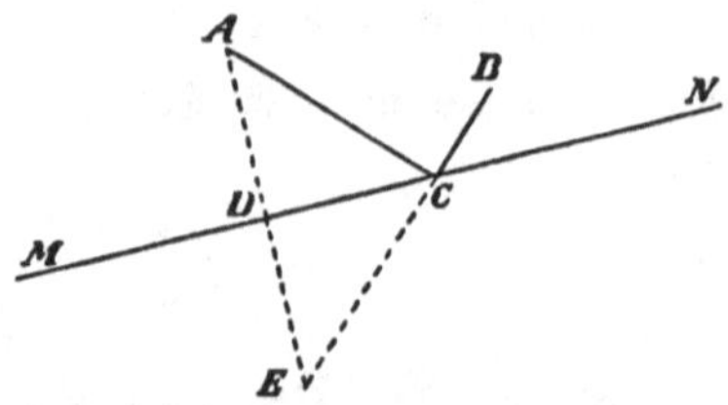

Aufl. Man fälle aus einem der gegebenen Punkte, etwa A, eine Senkrechte AE auf MN, mache DE = AD und verbinde E mit B, so ist der Schnittpunkt C der gesuchte Punkt und ∠ACD = ∠BCN.

Die gefundene gebrochene Linie ACB ist gleichzeitig der kürzeste Weg von A nach B, wenn ein Punkt von MN auf dem Wege liegen soll.

Aufgabe 17.

Die vorige Aufgabe für mehrere Gerade zu lösen.

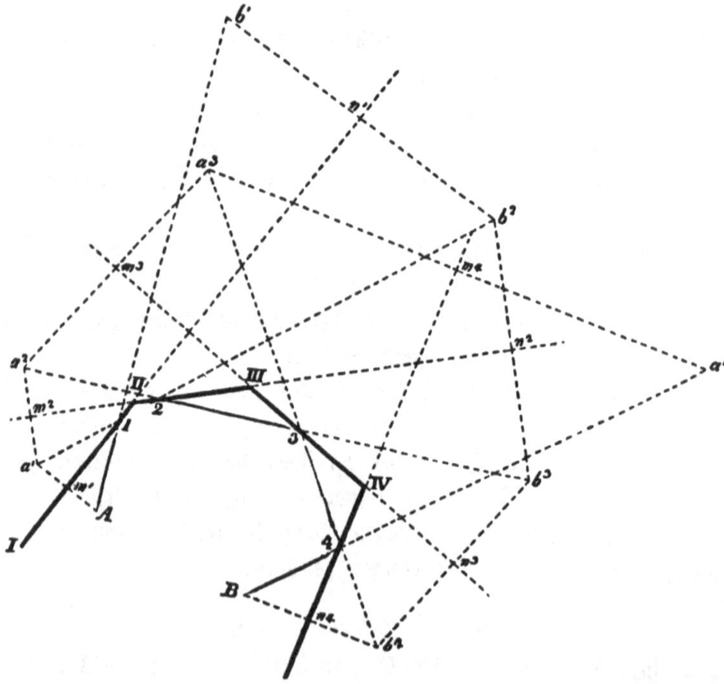

Aufl. Man fälle von A ein Perpendikel auf die Linie I und mache a'm' = Am', von a' ein Perpendikel auf die Linie II und mache $a^2m^2 = a'm^2$

u. s. w., bis zur letzten Linie, verbinde dann den zuletzt gefundenen Punkt, hier a^4 mit B, wodurch man den Schnittpunkt 4 erhält; diesen mit a^3 verbunden giebt den Schnittpunkt 3, diesen wiederum mit a^2 verbunden giebt den Schnittpunkt 2; endlich diesen mit a' verbunden giebt den Schnittpunkt 1, welcher noch mit A zu verbinden ist. Die Construction bleibt dieselbe, wenn man von dem Punkte B ausgeht, wie in der Figur zu ersehen ist. Geht man von beiden Punkten A und B zugleich aus, so wird man in der Regel weniger Raum zum Construiren bedürfen; in dieser Figur z. B. hätte man nur a', a^2 und b^4, b^3 suchen dürfen, a^2 mit b^3 verbunden giebt die Schnittpunkte 2 und 3, 3 mit b^4 verbunden giebt den Punkt 4, und 2 mit a' verbunden giebt den Punkt 1.

Aufgabe 18.

In einer Geraden einen Punkt so zu bestimmen, daß die Verbindungslinien desselben mit zwei auf entgegengesetzten Seiten der Geraden liegenden Punkten gleiche Winkel mit der Geraden einschließen.

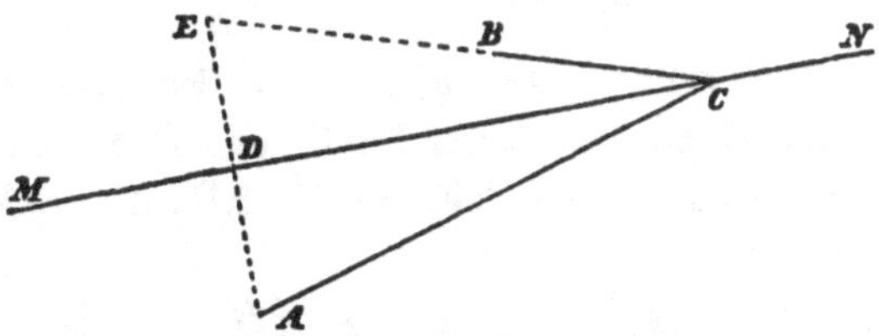

Aufl. Man fälle aus A ein Perpendikel AE auf MN, mache DE = AD, ziehe EB, bis MN in C geschnitten wird, und verbinde dann A mit C.

Bemerkung. Sind A und B gleich weit von MN entfernt, so werden die Linien EC, AC parallel.

Aufgabe 19.

Zu zwei gegebenen Linien m und n die mittlere proportionale Linie zu finden.

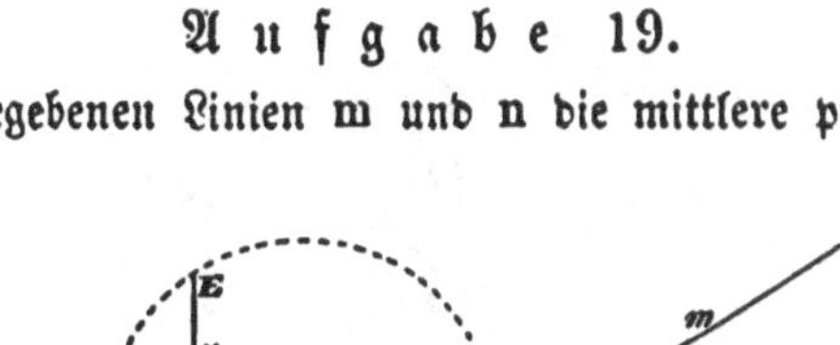

Aufl. 1. Man trage auf eine gerade Linie von einem Punkte A aus nach der einen Seite AB = m, nach der anderen Seite AD = n ab,

beschreibe über DB einen Halbkreis und errichte in A auf DB eine Senkrechte AE bis zur Peripherie, so ist AB:AE = AE:AD, oder m:x = x:n.

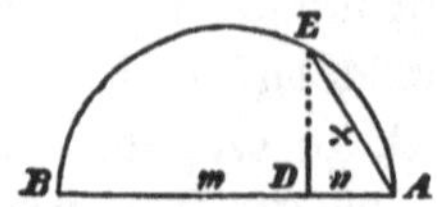

Aufl. 2. Man beschreibe über AB = m einen Halbkreis, mache AD = n, ziehe DE senkrecht auf AB und dann AE, so ist AB:AE = AE:AD oder m:x = x:n.

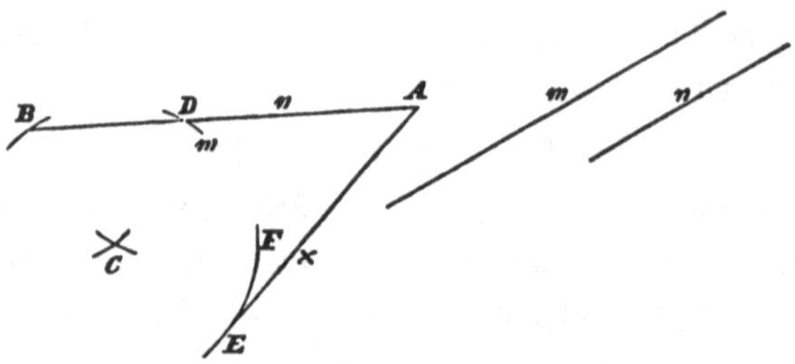

Aufl. 3. Man mache AB = m, AD = n, beschreibe mit beliebigem Radius aus B und D die Kreuzbogen bei C, aus C den Bogen EF, und ziehe aus A eine Tangente an EF, so ist AB : AE = AE : AD oder m : x = x : n.

Aufgabe 20.

Ueber einer gegebenen Geraden AB einen Kreisbogen zu construiren, der einen gegebenen Winkel α faßt.

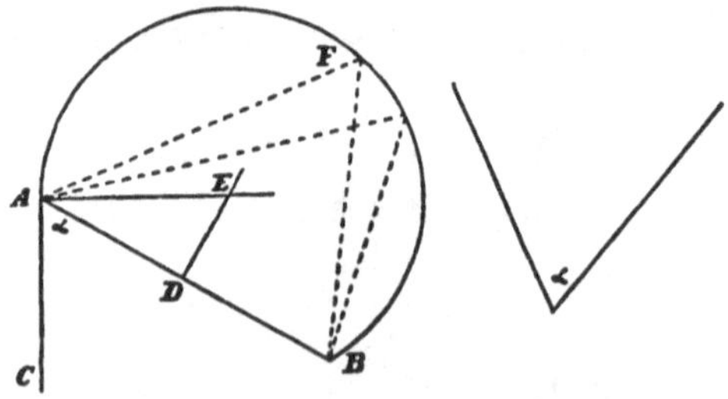

Aufl. Man lege an AB den gegebenen Winkel α an, BAC = α, errichte in A ein Perpendikel AE auf AC, im Mittelpunkt D von AB ein Perpendikel auf AB und beschreibe aus dem Schnittpunkte beider mit EA den Kreisbogen AFB, dann ist Winkel AFB = α.

Aufgabe 21.

Den geometrischen Ort für die Mittelpunkte aller Kreise zu finden, welche durch zwei gegebene Punkte gehen.

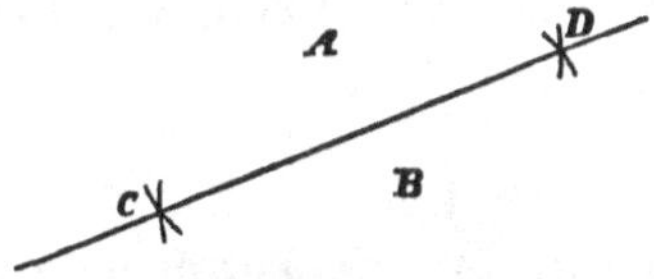

Aufl. Mit beliebigem Radius construire man aus A und B die Kreuzbogen bei C und D und ziehe die Gerade CD, so ist diese der verlangte geometrische Ort, d. h. die Mittelpunkte aller Kreise, welche durch die beiden Punkte A und B gehen, liegen auf der Geraden CD.

Aufgabe 22.

Den geometrischen Ort für die Mittelpunkte aller Kreise zu finden, welche zwei gegebene Gerade berühren.

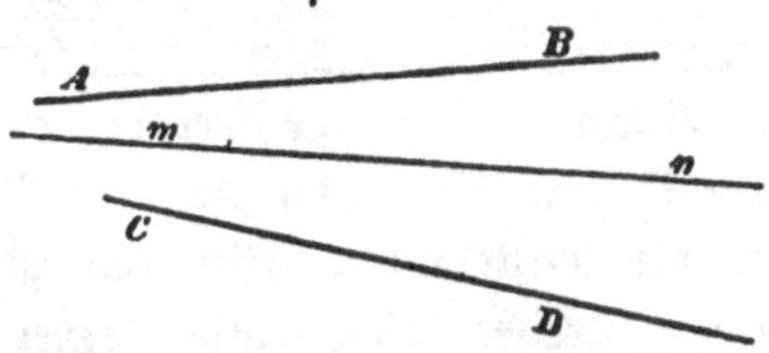

Aufl. Man halbire den Winkel, den die Linien AB, CD mit einander bilden, durch die Gerade mn, so ist diese der verlangte geometrische Ort. Vergl. Aufg. 6.

Aufgabe 23.

Den geometrischen Ort für die Mittelpunkte aller Kreise zu finden, welche durch einen gegebenen Punkt gehen und eine gegebene Gerade berühren.

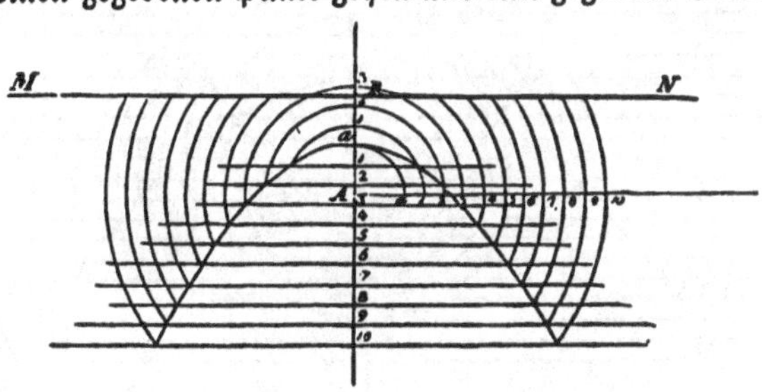

Aufl. Man ziehe durch A eine Senkrechte auf MN, halbire AR in a und trage von a aus nach beiden Seiten auf AR beliebige gleiche Theile ab, ziehe durch die unteren Theilpunkte Parallelen mit MN, durch die oberen concentrische Kreise aus dem Punkte A; verbindet man nun mit einander die gleichnamigen Schnittpunkte der Parallelen mit den Kreisen, so ist die dadurch entstandene krumme Linie der gesuchte geometrische Ort. Diese krumme Linie heißt Parabel.

Aufgabe 24.

Den geometrischen Ort für die Mittelpunkte aller Kreise zu finden, welche eine gegebene Gerade und einen Kreis berühren.

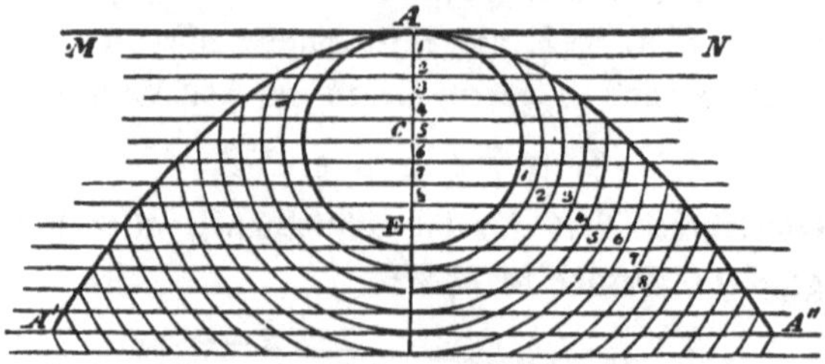

Aufl. 1. Fall. Wenn die gegebene Gerade den geg. Kreis berührt. Man ziehe durch C eine Senkrechte AE auf MN, so ist diese der geometrische Ort für die Mittelpunkte aller den gegebenen Kreis einschließend berührenden Kreise. Man ziehe ferner in beliebiger aber gleicher Entfernung Parallelen mit MN, und concentrische Kreise aus C, so erhält man durch die gleichnamigen Schnittpunkte beider eine Curve A'AA'', und diese ist der geometrische Ort für die Mittelpunkte aller den gegebenen Kreis ausschließend berührenden Kreise.

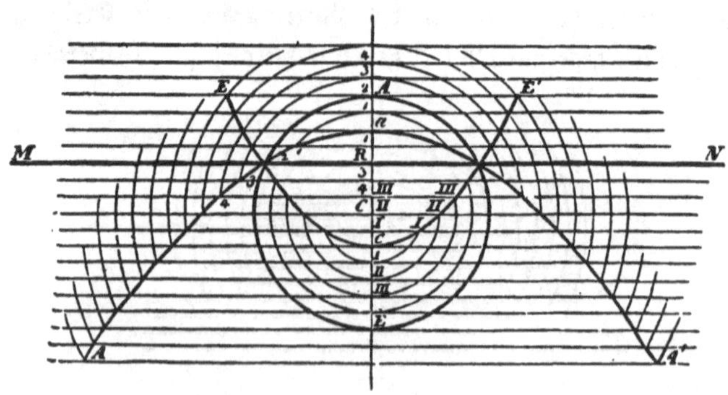

2. Fall. Wenn die gegebene Gerade den geg. Kreis schneidet.

Man ziehe durch C eine Senkrechte auf MN, welche sie in R und den gegebenen Kreis in A und E schneidet, halbire RA in a und trage von a aus beliebige gleiche Theile nach beiden Seiten ab, ziehe durch die Theilpunkte, welche sich der MN nähern, Parallelen mit MN, durch die, welche sich von MN entfernen, concentrische Kreise aus C und durch die gleichnamigen Schnittpunkte die Curve AaA', so ist der Theil dieser Curve, welcher innerhalb des Kreises liegt, der geometrische Ort für die einschließenden, der welcher außerhalb liegt für die ausschließenden Kreise. Man halbire ferner RE in e und verfahre eben so wie bei dem Punkte a.

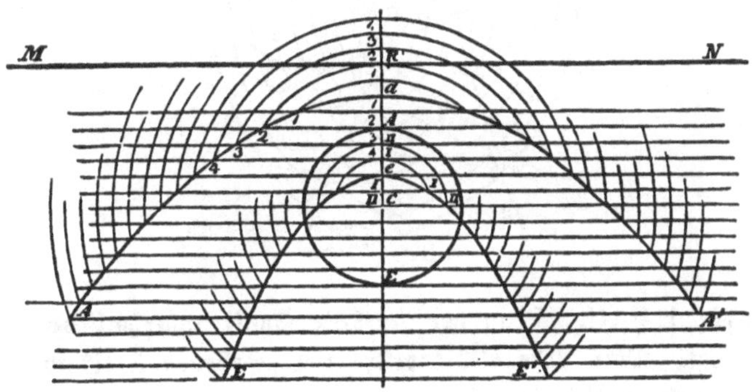

3. Fall. Wenn die geg. Gerade ganz außerhalb des geg. Kreises liegt.

Man ziehe aus C eine Senkrechte CR auf MN, welche den Kreis in A und E schneidet. Halbirt man nun AR in a und wendet dasselbe Verfahren wie im 2. Falle an, so erhält man die Curve AaA' als geometrischen Ort für alle ausschließenden Kreise. Halbirt man ER in e, so erhält man durch dieselbe Construction wie bei dem Punkte a die Curve EeE' als geometrischen Ort für die Mittelpunkte aller einschließenden Kreise.

Bemerkung. Construirt man zu jedem Kreise, der die gegebene Gerade und den gegebenen Kreis berührt, einen concentrischen, welcher durch C geht, so berühren auch alle diese Kreise eine Gerade, und zwar ist diese zu MN parallel, während ihr Abstand dem Radius des gegebenen Kreises gleich ist.

Hierdurch ist die vorliegende Aufgabe auf die vorhergehende zurückgeführt.

Auch hier ist also jede der gezeichneten krummen Linien eine Parabel.

Aufgabe 25.

Den geometrischen Ort für die Mittelpunkte aller Kreise zu finden, welche durch einen gegebenen Punkt gehen und einen gegebenen Kreis berühren.

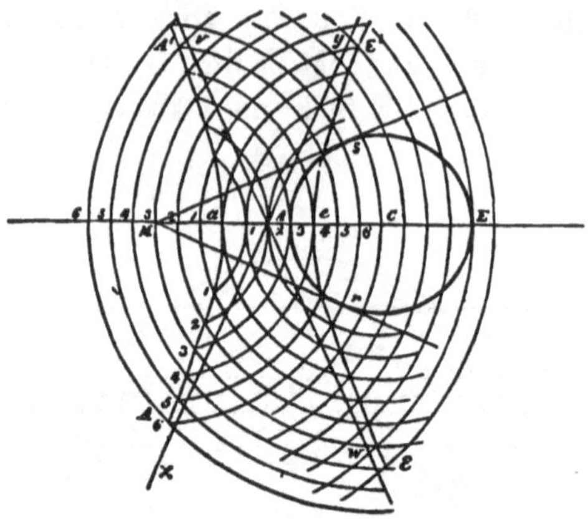

Aufl. 1. Fall. Wenn der gegebene Punkt außerhalb des gegebenen Kreises liegt. Man ziehe MC, welche den gegebenen Kreis in A und E schneidet, halbire MA in a, trage nach beiden Seiten von a beliebige gleiche Theile ab und beschreibe aus M und C concentrische Kreise, so geben die gleichnamigen Schnittpunkte die Curve AaA' als geometrischen Ort für alle Mittelpunkte der Kreise, welche den gegebenen ausschließend berühren. Sollen die Kreise den gegebenen einschließend berühren, so halbire man ME in e und verfahre eben so wie bei dem Punkte a, wodurch man die Curve EeE' erhält. Zieht man aus M an den Kreis die Tangente Mr, so kann man diese als aus- und auch als einschließenden Kreis betrachten; die Mittelpunkte dieser Kreise werden in der Mittellinie xy zwischen M und r in unendlicher Entfernung liegen, woraus man abnehmen kann, daß die Curvenzweige aA, eE' nicht über diese Linie hinaus gehen werden, sondern sich nur stets derselben nähern. Dasselbe gilt für die Tangente Ms, die Mittellinie vw und die Curvenzweige aA' und eE.

Diese aus zwei Curvenzweigen bestehende krumme Linie ist eine Hyperbel.

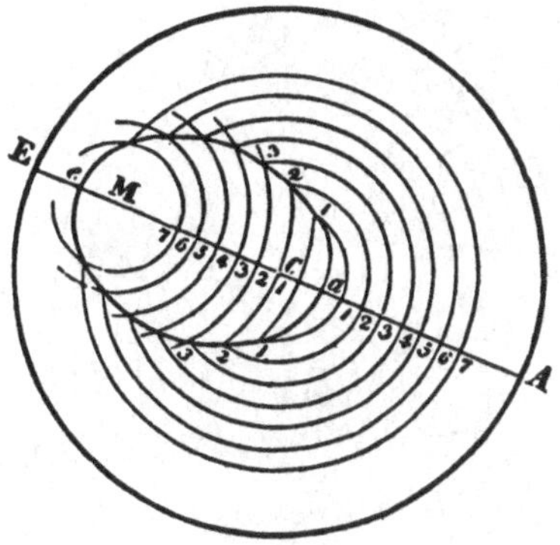

2. Fall. Wenn der gegebene Punkt M innerhalb des gegebenen Kreises liegt. Man ziehe MC, welche den Kreis in A und E schneidet, halbire MA in a, trage von a nach beiden Seiten beliebige gleiche Theile ab und beschreibe aus M und C durch die Theilpunkte concentrische Kreise, so erhält man durch die gleichnamigen Schnittpunkte dieser Kreise Punkte zu einer Curve als gesuchten geometrischen Ort. Eben so hätte man ME in e halbiren und eben so verfahren können. — Die krumme Linie ist eine Ellipse.

Aufgabe 26.

Den geometrischen Ort für die Mittelpunkte aller Kreise zu finden, welche zwei gegebene Kreise berühren.

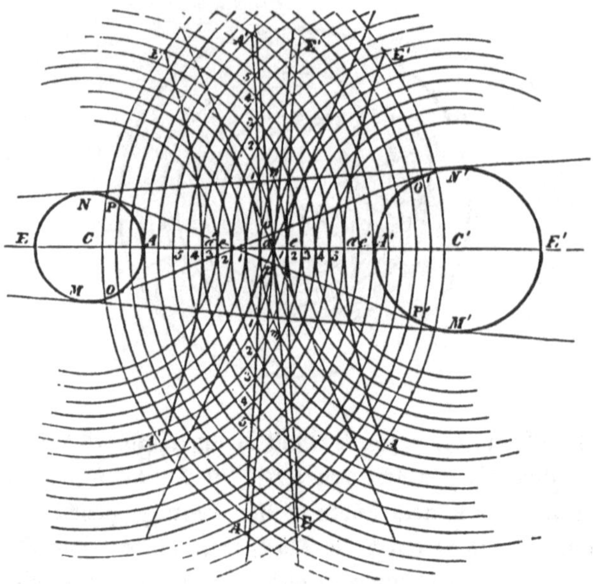

Aufl. 1. Fall. Wenn von beiden gegebenen Kreisen jeder außerhalb des andern liegt.

I. Sollen beide Kreise ausschließend berührt werden, so halbire man AA′ in a, trage von a aus nach beiden Seiten beliebige gleiche Theile ab und beschreibe aus C und C′ durch diese Theilpunkte concentrische Kreise, so erhält man durch die Schnittpunkte der gleichnamigen Kreise die Curve AaA′ als geometrischen Ort für die Mittelpunkte aller ausschließenden Kreise.

II. Sollen beide Kreise einschließend berührt werden, so halbire man man EE′ in e, verfahre eben so wie in I., und man erhält die Curve EeE′.

III. Soll der größere Kreis ausschließend, der kleinere einschließend berührt werden, so halbire man A′E in a′e, wende dasselbe Verfahren wie in I. an, und man erhält die Curve A′a′eE.

IV. Soll der größere Kreis einschließend, der kleinere ausschließend berührt werden, so halbire man AE′ in ae′, verfahre wie in I., und man erhält die Curve Aae′E′.

Zieht man die Tangente MM′, so kann man diese als den größten aus- und einschließenden Kreis betrachten, dessen Mittelpunkt in der Mittellinie zwischen M und M′, die durch m geht, in unendlicher Entfernung liegen wird, woraus man abnehmen kann, daß die Curvenzweige Aa′ und eE′

immer auf einer und derselben Seite dieser Mittellinie bleiben werden, in der sie sich befinden. Dasselbe gilt von der Tangente NN′, ihrer Mittellinie durch n und den Curvenzweigen aA′ und eE. Zieht man die Tangente OO′, so kann man diese als den größten, den kleineren Kreis einschließenden, den größeren ausschließenden, Kreis betrachten, dessen Mittelpunkt in unendlicher Entfernung in der Mittellinie durch o liegt; die Curvenzweige a′eE und ae′A werden also nie mit dieser Mittellinie zwischen O und O′ zusammenfallen oder sich schneiden. Dasselbe gilt von der Tangente PP′, ihrer Mittellinie durch p und den Curvenzweigen a′eA′ und ae′E′. Sind beide Kreise einander gleich, so fällt der Punkt a mit dem Punkte e zusammen, und die beiden Curven AaA′ und EeE′ gehen zusammen in die Mittellinie zwischen A und A′ über. Schneiden sich hingegen beide Kreise, so gehen die von einander getrennten Curvenzweige A′a′eE, Aae′E′ in eine geschlossene Curve über, die durch die Schnittpunkte beider Kreise hindurchgeht. Berühren sich endlich die beiden Kreise, so geht diese geschlossene Curve in die gerade Linie über, welche beide Mittelpunkte C und C′ mit einander verbindet.

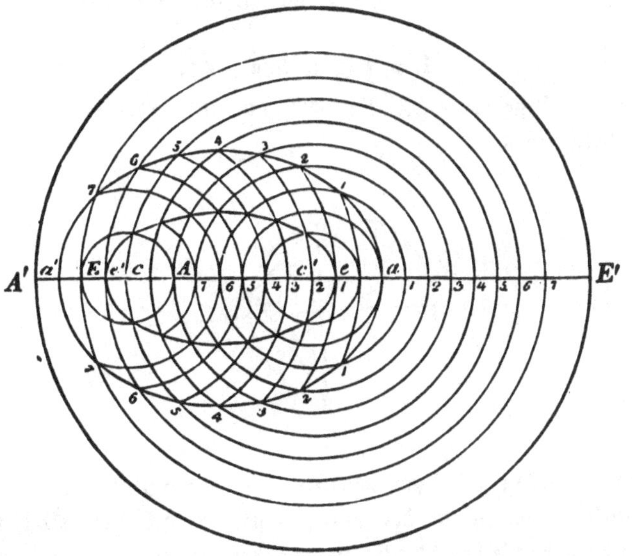

2. Fall. Wenn der eine Kreis ganz innerhalb des zweiten gegebenen Kreises liegt. Man verbinde die Mittelpunkte beider Kreise c, c′, und

halbire, wenn die Kreise den kleineren ausschließend berühren sollen, AE' in a, trage zu beiden Seiten von a beliebige gleiche Theile ab und beschreibe aus c und c' durch die Theilpunkte concentrische Kreise, so erhält man durch die Schnittpunkte der gleichnamigen Kreise die Curve a 1 2 3 ꝛc. Da die Curve durch den Mittelpunkt von A'E durch a' gehen muß, so hätte man bei diesem Punkte eben so wie bei dem Punkte a verfahren können, um dieselbe Curve zu erhalten. Sollen die Kreise den kleineren einschließend berühren, so halbire man EE' in e oder AA' in e' und wende dasselbe obige Verfahren an, so erhält man die kleinere in sich zurücklaufende Curve ee'.

Mit welchem Vortheile man die hier gesuchten geometrischen Oerter zur Auflösung vieler Aufgaben anwendet, wird in den nächstfolgenden Aufgaben gezeigt werden.

Die Aufgabe 26 läßt sich auf die Aufgabe 25 zurückführen, wenn man an die Stelle des einen Kreises seinen Mittelpunkt und an die Stelle des anderen einen mit ihm concentrischen Kreis setzt, dessen Radius gleich der Summe oder der Differenz der Radien der gegebenen Kreise ist.

Aufgabe 27.

Durch drei gegebene Punkte oder um ein gegebenes Dreieck einen Kreis zu beschreiben.

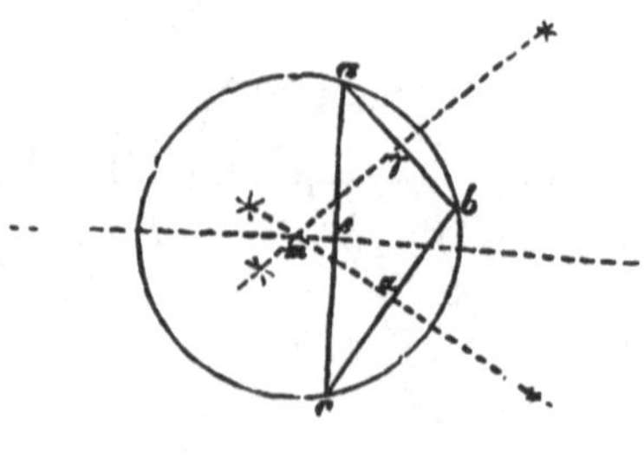

Aufl. 1. Man ziehe zwischen ab und bc die Mittellinien, so ist der Schnittpunkt beider in m der Mittelpunkt des gesuchten Kreises. Man würde auch zu demselben Punkte m gelangen, wenn man zwischen ab und ac die Mittellinien zöge; d. h. also die 3 Mittellinien zwischen 3 Punkten, oder die 3 Lothe durch die Mittelpunkte der Seiten eines Dreiecks schneiden sich in einem und demselben Punkte m.

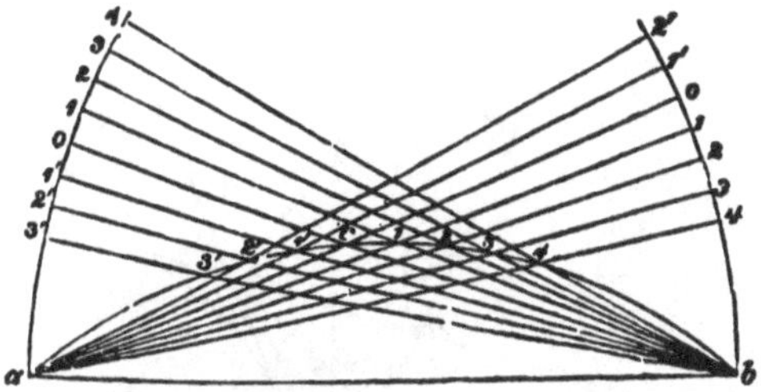

Aufl. 2. Oft wird nur verlangt, einen oder mehrere Punkte des Kreisbogens zu construiren, der durch drei gegebene Punkte a, b und c geht und von a und b begrenzt wird, während diese drei Punkte so nahe in gerader Linie liegen, daß der Radius des gesuchten Kreisbogens nicht mehr mit dem Zirkel gefaßt werden kann. In diesem Falle beschreibe man aus a und b mit ab zwei Bogen nach der Seite hin, auf welcher der dritte Punkt c liegt, ziehe ac und bc, bis sie die Bogen in den Punkten o schneiden, trage von den Punkten o aus nach beiden Seiten beliebige gleiche Theile ab und verbinde a mit einem Theilpunkte auf dem einen Kreisbogen über o; b mit demselben Theilpunkte auf dem anderen Bogen unter o, und umgekehrt, so ist der Schnittpunkt dieser beiden Geraden ein Punkt des verlangten Kreisbogens.

Aufgabe 28.

Einen Kreis zu construiren, der drei gegebene gerade Linien oder die drei Seiten eines gegebenen Dreiecks berührt.

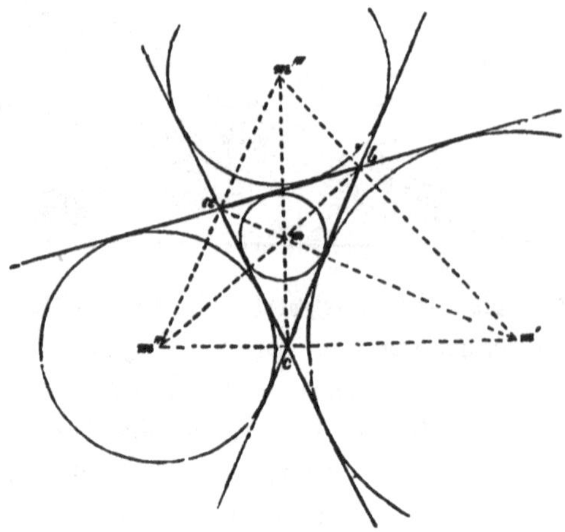

Aufl. Man halbire bac durch am', so wird in dieser Linie als geometrischem Orte (Aufg. 22) der Mittelpunkt des gesuchten Kreises liegen, eben so wird auch der Mittelpunkt in bm'', oder cm''' als Halbirungslinien der Winkel abc, acb liegen müssen, mithin der Schnittpunkt m der Mittelpunkt eines Kreises sein, welcher die drei Geraden berührt. Halbirt man die Außenwinkel des gegebenen Dreiecks durch m'm'', m'm''', m''m''', so sind ihre Schnittpunkte m', m'', m''' die Mittelpunkte dreier anderen Kreise, welche ebenfalls die drei Geraden berühren, jedoch außerhalb des Dreiecks abc liegen. Man kann hier leicht den Satz entnehmen, daß die Halbirungslinien der inneren Winkel sowohl als auch der Außenwinkel eines Dreiecks sich immer in einem und demselben Punkte schneiden müssen.

Aufgabe 29.

Einen Kreis zu beschreiben, der durch zwei gegebene Punkte geht und eine gegebene Gerade mn berührt.

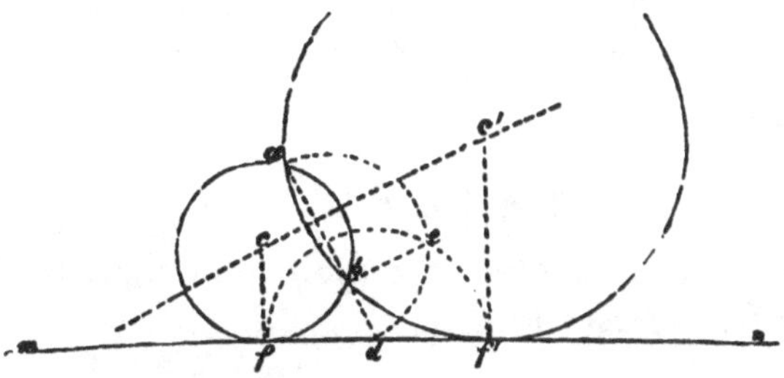

Aufl. 1. Man ziehe zwischen a und b die Mittellinie cc′, so werden in dieser die Mittelpunkte liegen müssen. Um sie zu finden, verlängere man ab, bis mn in d geschnitten wird, errichte über ad einen Halbkreis und ziehe be senkrecht auf ab, aus d schneide man mit de mn in f und f′ und errichte in f und f′ Senkrechte; wo diese die Mittellinie in c und c′ schneiden, hat man die Mittelpunkte der verlangten Kreise.

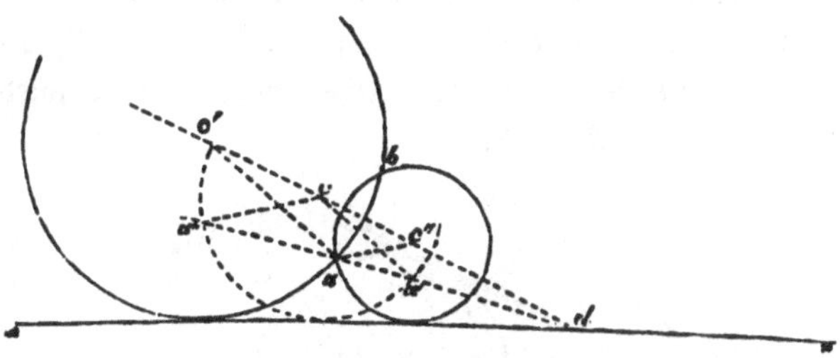

Aufl. 2. Man ziehe zwischen a und b die Mittellinie c′c″, bis sie mn in d schneidet, beschreibe aus einem beliebigen Punkte c derselben einen Kreis, welcher mn berührt, und verbinde einen der beiden gegebenen Punkte, etwa a, mit d; diese schneidet den Kreis in a′ und a″. Durch a ziehe man mit a′c und a″c die Parallelen ac′ und ac″; die Schnittpunkte dieser mit der Mittellinie sind die Mittelpunkte c′, c″ der verlangten Kreise.

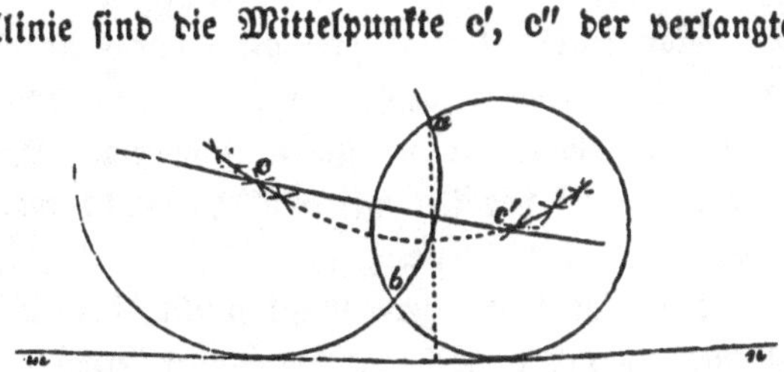

Aufl. 3. Man ziehe die Mittellinie zwischen a und b, suche nach Aufg. 23 den geometrischen Ort der Mittelpunkte der Kreise, welche durch

einen der beiden gegebenen Punkte, etwa a, gehen und mn berühren, wo dieser die Mittellinie in c und c' schneidet, sind die Mittelpunkte der verlangten Kreise.

Aufgabe 30.

Einen Kreis zu beschreiben, der durch einen gegebenen Punkt a geht und zwei gegebene Gerade berührt.

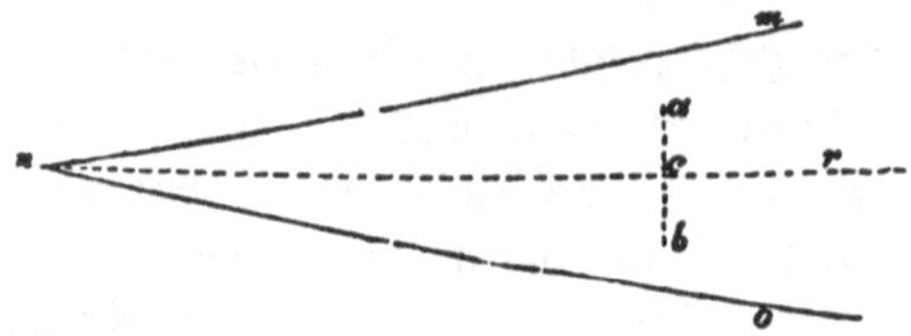

Aufl. 1. Man halbire den Winkel mno durch nr, fälle aus a eine Senkrechte auf nr, und mache cb = ca, so ist b ein Punkt, durch welchen der gesuchte Kreis gleichfalls hindurch gehen muß, und so wird diese Aufgabe auf die vorige zurückgeführt.

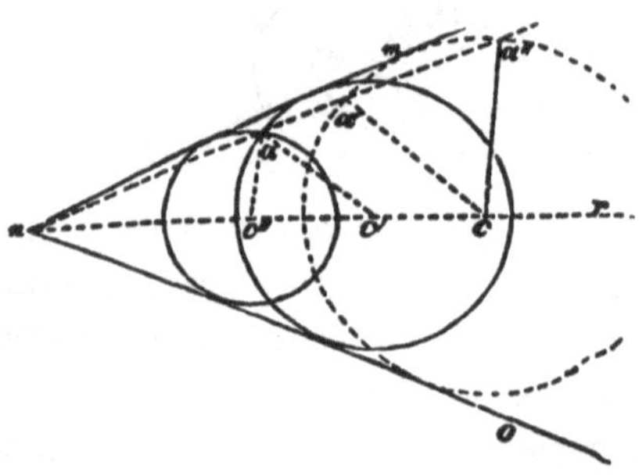

Aufl. 2. Man halbire den Winkel mno durch nr; aus einem beliebigen Punkte c in derselben beschreibe man einen Kreis, welcher mn berührt und ziehe na, die ihn in a' und a'' schneidet. Durch a ziehe man ac' parallel mit a'c; ac'' parallel mit a''c, so erhält man in c', c'' die Mittelpunkte der verlangten Kreise.

Aufl. 3. Man suche den geometrischen Ort der Mittelpunkte aller Kreise, welche durch a gehen und eine der Linien, etwa no, berühren; in den Schnittpunkten desselben mit der Halbirunglinie nr erhält man die Punkte c' und c''. Man sehe Aufg. 29., Aufl. 3.

Aufgabe 31.

Einen Kreis zu beschreiben, der einen gegebenen Kreis und zwei gegebene Gerade berührt.

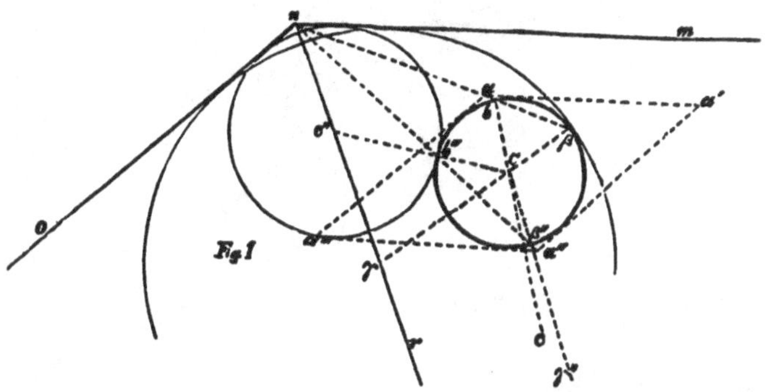

Fig. 1

Aufl. 1. Man ziehe an den gegebenen Kreis mit jeder der gegebenen Geraden zwei parallele Tangenten, die sich in den Punkten a, a′, a″, a‴ schneiden; verbindet man nun diese vier Punkte mit dem Schnittpunkte beider Geraden n, so werden diese vier Linien na, na′, na″, na‴ entweder alle vier, oder nur zwei von ihnen, den gegebenen Kreis, im ersten Falle in 8, im zweiten in 4 Punkten treffen, welches die Berührungspunkte des gegebenen Kreises mit eben so viel auflösenden Kreisen sind. Zieht man nun die Halbirungslinie nr des Winkels mno, in welcher die Mittelpunkte aller auflösenden Kreise liegen müssen, und durch C und die gefundenen Berührungspunkte b, β, b″, β'' die Geraden Cb, Cβ, Cb″, Cβ'', bis sie nr in c, γ, c″, γ'' schneiden, so hat man dadurch die Mittelpunkte der gesuchten Kreise. Schneidet jede gegebene Gerade den Kreis, so schneiden ihn auch die Linien na, na′, na″, na‴, und die Zahl der auflösenden Kreise ist dann am größten, sie beträgt 8. Man sehe Fig. 2.

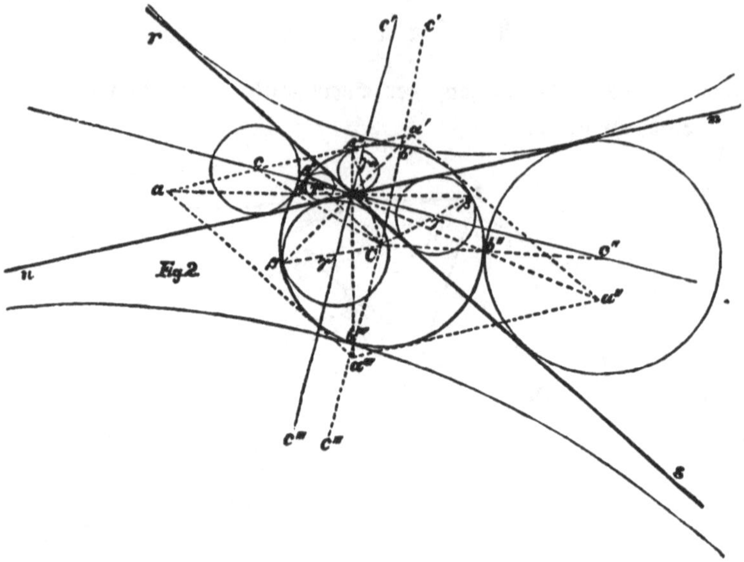

Fig. 2

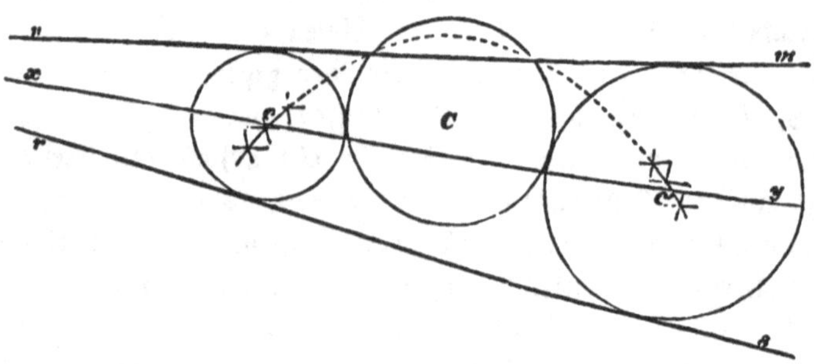

Aufl. 2. Man ziehe die Halbirungslinie xy des Winkels, dessen Schenkel mn und rs sind, und suche nach Aufg. 24. den geometrischen Ort für die Mittelpunkte aller Kreise, welche eine der gegebenen Geraden, etwa mn, und den gegebenen Kreis berühren; wo dieser xy in c und c, schneidet, liegen die Mittelpunkte der gesuchten Kreise.

Aufgabe 32.

Einen Kreis zu beschreiben, der durch einen gegebenen Punkt a geht, einen gegebenen Kreis und eine gegebene Gerade mn berührt.

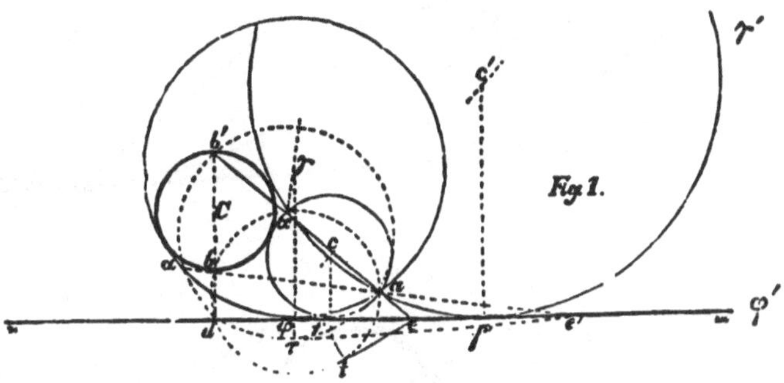

Fig 1.

Aufl. 1. Man ziehe durch den Mittelpunkt C des gegebenen Kreises eine Senkrechte auf mn, die den Kreis in b, b′, die Gerade mn in d schneidet. Soll nun der gesuchte Kreis den gegebenen ausschließend berühren, so beschreibe man durch d, den gegebenen Punkt a und den mn näher liegenden Punkt b einen Kreis und ziehe b′a, welche den Kreis in α' schneidet, α' ist dann ein zweiter Punkt, durch welchen der gesuchte Kreis ebenfalls gehen muß, und sonach ist diese Aufgabe auf Aufg. 29 zurückgeführt. Man wird also zu den Mittelpunkten der gesuchten Kreise gelangen, wenn man b′a bis e verlängert, aus e eine Tangente et zieht und ef = ef′ = et macht, in f und f′ auf mn Perpendikel errichtet, bis diese von der Mittellinie zwischen α' und a in c und c′ geschnitten werden. Soll der gesuchte Kreis den gegebenen einschließend berühren, so ist die Construction dieselbe, nur daß man b mit b′ vertauscht, d. h. man beschreibt durch d, den gegebenen Punkt a und den entfernter liegenden Punkt b′ einen Kreis, zieht ba bis α, so ist α der Punkt, durch welchen der gesuchte Kreis gleichfalls gehen wird, und man findet γ und γ' ganz eben so wie c und c′.

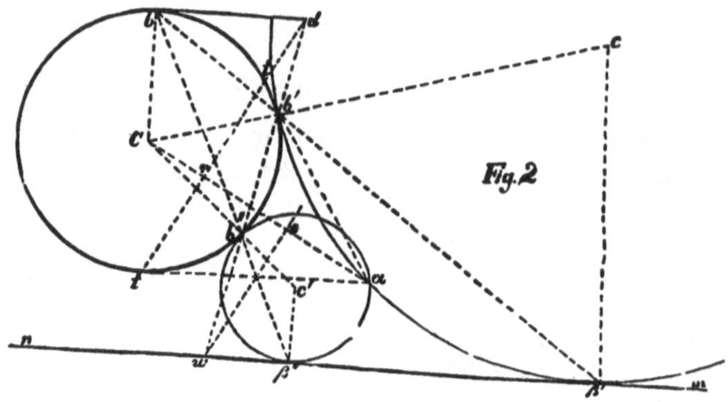

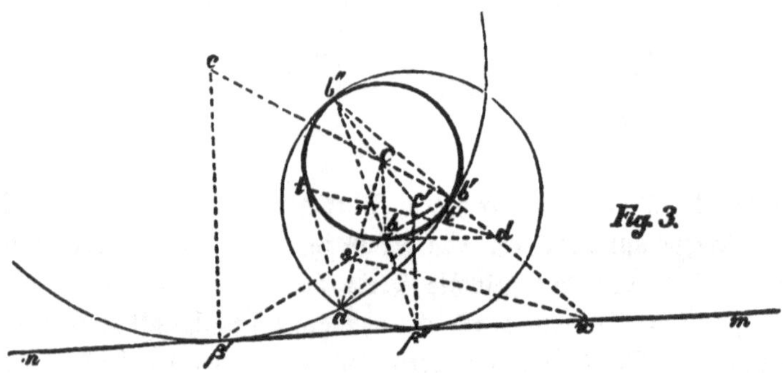

Aufl. 2. Man ziehe durch den Mittelpunkt C des gegebenen Kreises einen auf mn senkrechten Radius Cb, und zwar von C aus in Bezug auf mn nach oben, Fig. 2, wenn der gegebene Kreis ausschließend, nach unten zu, Fig. 3, wenn er einschließend berührt werden soll; und ziehe durch den Punkt b eine Tangente bd; von a aus ziehe man zwei Tangenten an den gegebenen Kreis und durch die Berührungspunkte t, t′ die Gerade tt′, bis sie bd in d schneidet. Durch den Mittelpunkt s von ar ziehe man eine Parallele mit tt′, bis mn in w geschnitten wird, und ziehe wd, bis sie den Kreis in b′ und b″ schneidet, so hat man dadurch die Berührungspunkte der gesuchten Kreise mit dem gegebenen gefunden; um nun noch ihre Berührungspunkte mit mn zu bestimmen, ziehe man bb′, bb″, bis mn in β' und β'' geschnitten wird. Zieht man nun Cb′, Cb″, bis sie von der Senkrechten in β', β'' auf mn geschnitten werden, so erhält man die Mittelpunkte c, c′.

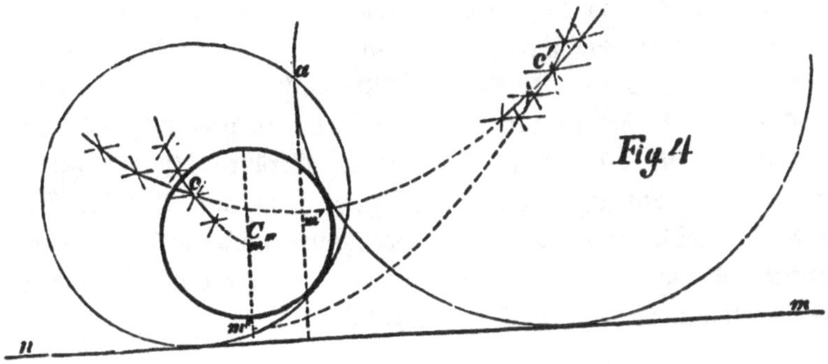

Aufl. 3. Man suche nach Aufg. 23 den geometrischen Ort cm'c' der Mittelpunkte aller Kreise, welche durch a gehen und mn berühren, nach Aufg. 24 den geometrischen Ort m''c' für die ausschließenden, m'''c für die einschließenden, den gegebenen Kreis und mn berührenden Kreise; in den Schnittpunkten c und c' dieser Curven erhält man die Mittelpunkte für einen aus- und für einen einschließenden Kreis.

Aufgabe 33.

Einen Kreis zu beschreiben, der eine Gerade und zwei Kreise berührt.

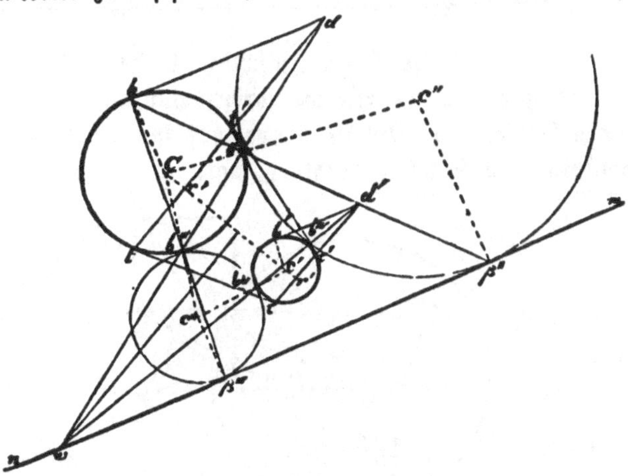

Aufl. 1. 1. Fall. Beide Kreise sollen ausschließend berührt werden. Man ziehe durch die Mittelpunkte C, c' der beiden gegebenen Kreise die Radien Cb, c'b', senkrecht auf mn und nach entgegengesetzter Richtung von mn, durch b und b' die Tangenten bd, b'd', lege an beide Kreise die

Tangenten $t\tau$, $t'\tau'$, so daß ihr Schnittpunkt in die Verlängerung von Cc' fällt, und verbinde die Berührungspunkte t, t'; τ, τ', bis bd in d, b'd' in d' geschnitten wird. Durch den Mittelpunkt s von rr' ziehe man eine Parallele mit tt', bis sie mn in w schneidet, und ziehe wd, wd', wodurch man die Schnittpunkte b'', b''', b^{IV}, b^{V} als Berührungspunkte der gesuchten Kreise mit den gegebenen erhält. Zieht man nun bb'' bis β'', bb''' bis β''', so erhält man dadurch die Berührungspunkte in der Geraden mn, wodurch sich nun leicht die Mittelpunkte c'', c''' ergeben. Man vergleiche diese Construction mit Fig. 2 in Aufg. 32.

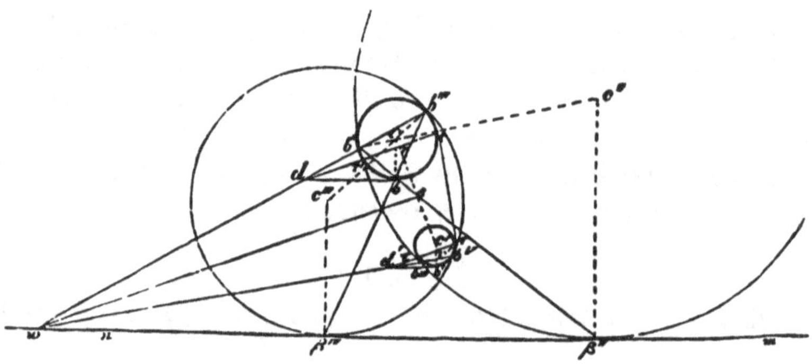

2. Fall. Beide Kreise sollen einschließend berührt werden. Die Construction ist ganz dieselbe wie die vorige, nur mit dem Unterschiede, daß die beiden Radien Cb, c'b' in Bezug auf mn nicht nach entgegengesetzter, sondern nach derselben Richtung, nach mn zu gezogen werden.

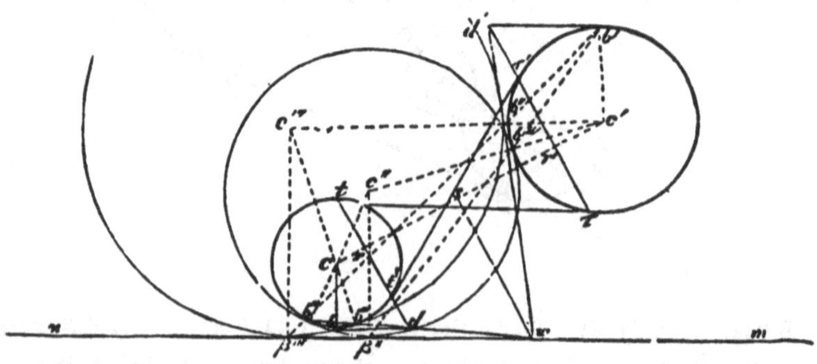

3. Fall. Der eine Kreis soll einschließend, der andere ausschließend berührt werden. Die Construction ist wieder dieselbe wie in dem ersten

Falle, nur mit dem Unterschiede, daß die beiden Radien Cb, c'b' nach entgegengesetzten Richtungen gezogen werden müssen, und die beiden Tangenten tτ, t'τ' so zu legen sind, daß ihr Schnittpunkt zwischen C und c' fällt.

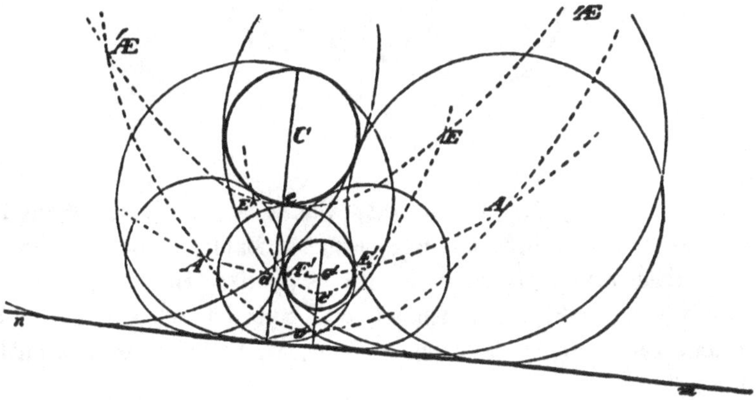

Aufl. 2. Man construire nach Aufg. 24 die geometrischen Oerter der Mittelpunkte aller Kreise, welche die Gerade mn und jeden der gegebenen Kreise aus- und einschließend berühren, so ergeben die Schnittpunkte dieser Curven die Mittelpunkte der verlangten Kreise, nämlich:
A, A' als Mittelpunkte für die beiden ausschließend,
E, E' „ „ „ „ „ einschließend,
Æ', Æ' „ „ „ den größeren Kreis aus-, den kleineren ein-,
'Æ, 'Æ „ „ „ „ „ „ ein-, „ „ ausschließend berührenden Kreise.

Aufgabe 34.

Einen Kreis zu beschreiben, der durch zwei gegebene Punkte geht und einen gegebenen Kreis berührt.

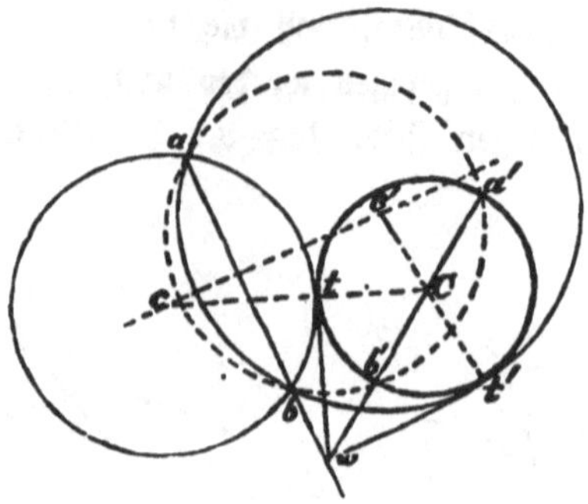

Aufl. 1. 1. Fall. Wenn beide Punkte a und b außerhalb des Kreises liegen. Man ziehe ab, lege durch die Punkte a und b einen beliebigen, jedoch den gegebenen in a′ und b′ schneidenden Kreis, und ziehe a′b′ bis w, aus w die Tangenten wt, wt′, dann Ct und Ct′, bis sie die Mittellinie von a und b in c und c′ schneiden, so sind c, c′ die gesuchten Mittelpunkte.

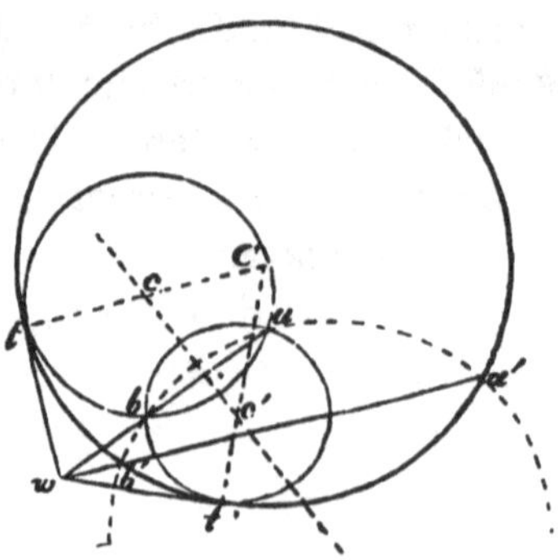

2. Fall. Wenn die beiden gegebenen Punkte a und b innerhalb des Kreises liegen. Die Construction ist ganz dieselbe wie im ersten Falle.

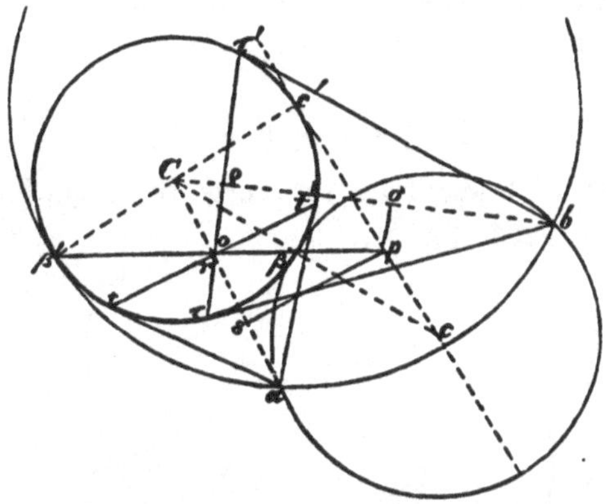

Aufl. 2. Für den 1. Fall. Man ziehe die Mittellinie cc' zwischen a und b, so werden in dieser die Mittelpunkte liegen. Zieht man nun von a die Tangenten at, at', von b die Tangenten bτ, bτ' und verbindet t mit t', τ mit τ', so erhält man den Punkt o. Durch die Mittelpunkte s und σ von ar und bϱ ziehe man die Parallele mit tt' und $\tau\tau'$, und man erhält den Punkt p. Zieht man nun op, so schneidet diese den Kreis in β und β', welches die Berührungspunkte der gesuchten Kreise mit dem gegebenen sind. Zieht man daher Cβ bis c, Cβ' bis c', so sind c und c' die Mittelpunkte der verlangten Kreise.

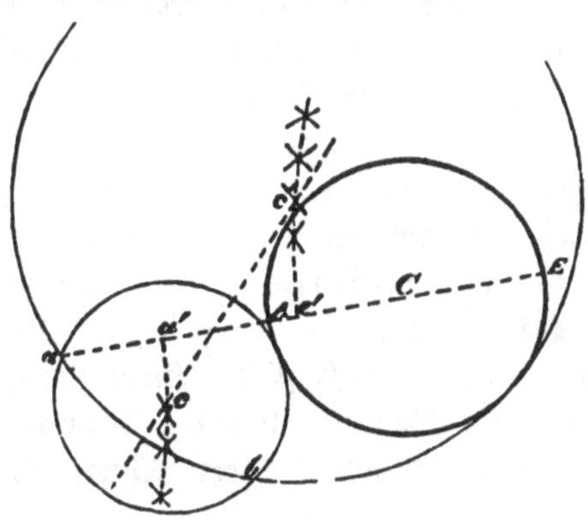

Aufl. 3. Man suche nach Aufg. 25 den geometrischen Ort für die Mittelpunkte aller Kreise, welche den gegebenen C berühren und durch einen der beiden gegebenen Punkte, etwa a, gehen, und ziehe zwischen a

und b die Mittellinie, wo diese die Curven in c und c' schneidet, liegen die Mittelpunkte der verlangten Kreise.

Aufgabe 35.

Einen Kreis zu beschreiben, der durch einen gegebenen Punkt geht und zwei gegebene Kreise berührt.

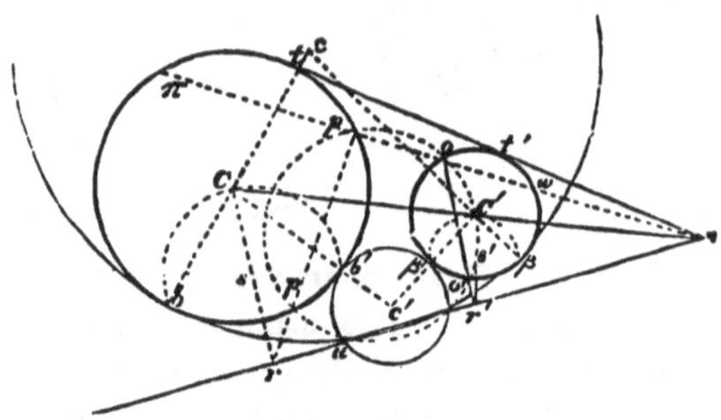

Aufl. 1. 1. Fall. Wenn der gesuchte Kreis beide gegebene aus- oder einschließend berühren soll. Man ziehe CC', lege an beide Kreise die Tangente tt' so, daß sie CC' in der Verlängerung n trifft, und ziehe aus n eine beliebige Linie, welche den einen Kreis in o, ω, den anderen in p, π schneidet; durch die Punkte o, p oder π, ω und den gegebenen a lege man einen Hülfskreis. In dem Durchschnittspunkte dieses Kreises mit an erhält man einen zweiten Punkt für den gesuchten Kreis und ist daher diese Aufgabe auf die vorige zurückgeführt. Man kann jedoch auch fortfahren wie folgt: der Hülfskreis schneidet die gegebenen Kreise noch in p' und o'; man ziehe pp', oo' und an, so ergeben sich die Punkte r und r'; zieht man nun Cr und C'r', halbirt dieselben in s und s' und schneidet den Kreis um C aus s mit sC in b und b', den Kreis um C' aus s' mit s'C' in β, β', so sind b, b', β, β' die Berührungspunkte; zieht man daher Cb, C'β, so ist der Schnittpunkt c der Mittelpunkt des einen und der Schnittpunkt c' von Cb' und C'β' der Mittelpunkt des zweiten der gesuchten Kreise.

Man hätte auch die Berührungspunkte β, β' dadurch erhalten können, wenn man bn und b'n gezogen hätte, da b, β, n und b', β', n in gerader Linie liegen müssen.

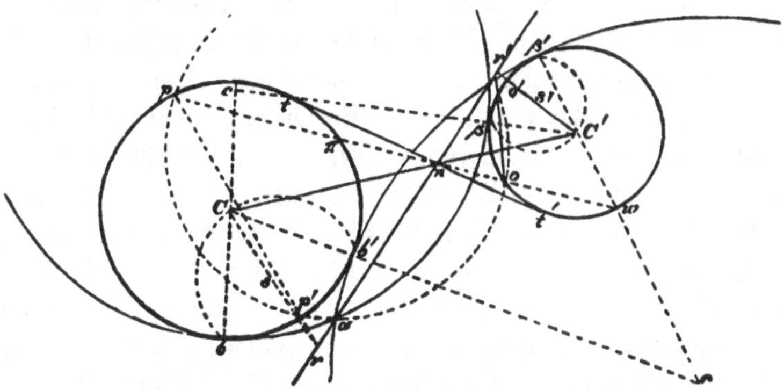

2. Fall. Wenn der gesuchte Kreis den einen gegebenen aus-, den anderen einschließend berühren soll. Die Auflösung ist ganz dieselbe wie im ersten Falle, nur mit dem Unterschiede, daß man hier die Tangente t, t' so ziehen muß, daß ihr Schnittpunkt n mit CC' zwischen C und C' fällt. Ferner wird man, wie man dort die Punkte o und p oder ω und π als die beiden nächsten oder entferntesten zur Auflösung nehmen mußte, in diesem Falle den einen näheren mit dem anderen entfernteren, also o mit p oder ω mit π und den gegebenen a, zu dem Hülfskreise anwenden. Auch hier liegen b, n und β wie b', n und β' in einer geraden Linie; und es gehen an, der Hülfskreis und die beiden gesuchten Kreise durch dieselben zwei Punkte.

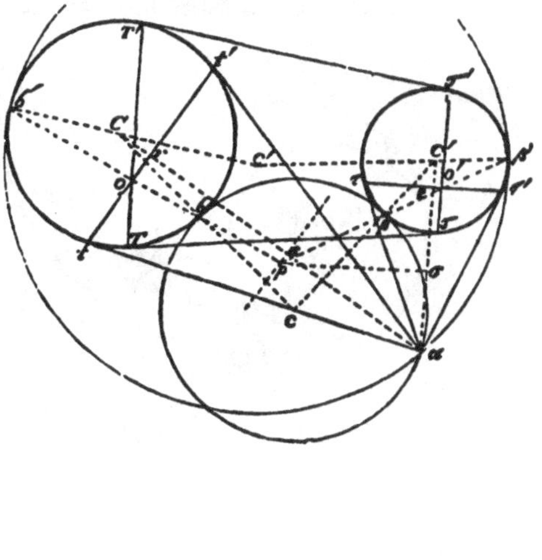

Aufl. 2. 1. Fall. Man ziehe von dem gegebenen Punkte a an beide Kreise die Tangenten und verbinde die Berührungspunkte tt', ττ', ferner ziehe man an beide Kreise die gemeinschaftlichen Tangenten Tt, T'τ' so, daß ihr Schnittpunkt in die Verlängerung von CC' fällt, und verbinde gleichfalls die Berührungspunkte, so ergiebt sich in dem einen Kreise der Schnittpunkt o, im andern o', halbire nun ar in s, aρ in σ, ziehe durch s und σ Parallele mit tt', ττ', so ergiebt sich dadurch der Schnittpunkt p. Zieht man nun po, po', bis der eine Kreis in b und b', der andere in β und β' geschnitten wird, so sind b, β und b', β' die zusammengehörigen Berührungspunkte der gesuchten Kreise, wodurch sich die Mittelpunkte c und c' durch Ziehung von Cb, C'β und Cb', C'β' von selbst ergeben.

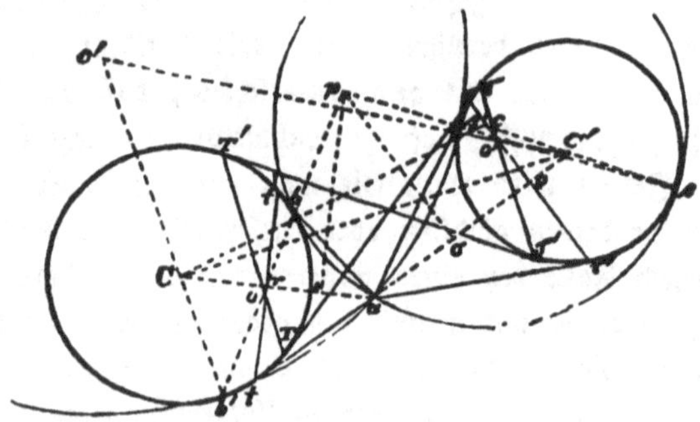

2. Fall. Die Construction ist ganz dieselbe wie im ersten Falle, nur mit dem Unterschiede, daß die beiden Kreisen gemeinschaftlichen Tangenten so gezogen werden müssen, daß ihr Schnittpunkt zwischen C und C' fällt.

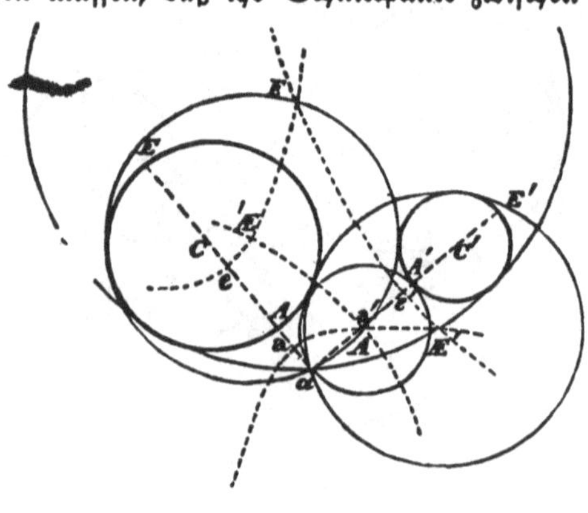

Aufl. 3. Man suche nach Aufg. 25 die geometrischen Oerter für die Mittelpunkte aller Kreise, welche durch den gegebenen Punkt a gehen und sowohl den einen wie den anderen Kreis berühren, so erhält man in den Durchschnittspunkten dieser Curven in A und E die Mittelpunkte der gesuchten Kreise für den ersten Fall, in 'Æ und Æ' für den zweiten. Man hätte zur Auflösung auch die Aufgaben 25 und 26 zusammen anwenden können.

Aufgabe 36.

Einen Kreis zu beschreiben, der drei gegebene Kreise berührt.

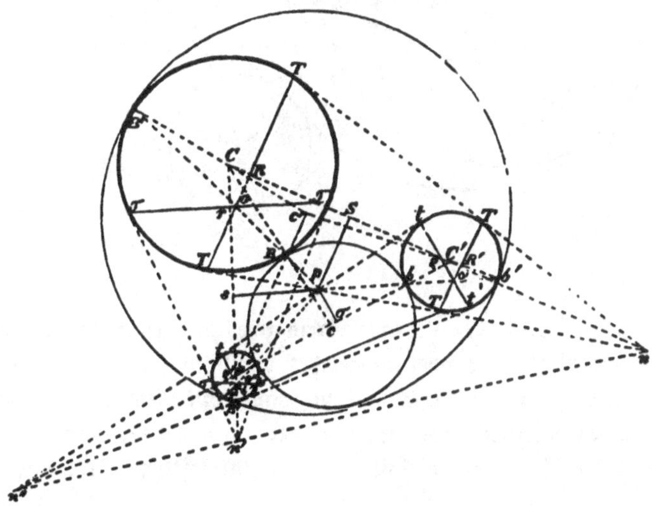

Aufl. 1. 1. Fall. Wenn der gesuchte Kreis die drei gegebenen aus- oder einschließend berühren soll. Man ziehe an je zwei Kreise die gemeinschaftlichen Tangenten, so daß ihr Schnittpunkt in die Verlängerung von cc fällt, und verbinde die Berührungspunkte, so erhält man die Punkte o, o′, o″; ferner halbire man RR′ in S, rr′ in s und $\varrho\varrho'$ in σ, und ziehe durch die Halbirungspunkte Parallele mit TT, $\tau\tau$ und tt, so erhält man den Punkt p; zieht man nun po, po′, po″, so ergeben sich die Berührungspunkte B, b, β und B′, b′, β', und der Schnittpunkt von CB und C′b bildet den Mittelpunkt c, von CB′ und C′b′ den Mittelpunkt c′. Die drei Schnittpunkte n, n′, n″ der gemeinschaftlichen Tangenten, so wie die Punkte B, b, n; B′, b′, n; ferner B, β, n′; B′, β', n′, und b, β, n″;

b', β', n'' müssen immer in einer geraden Linie liegen, und dies kann daher als Controle für die Genauigkeit der Construction angesehen werden.

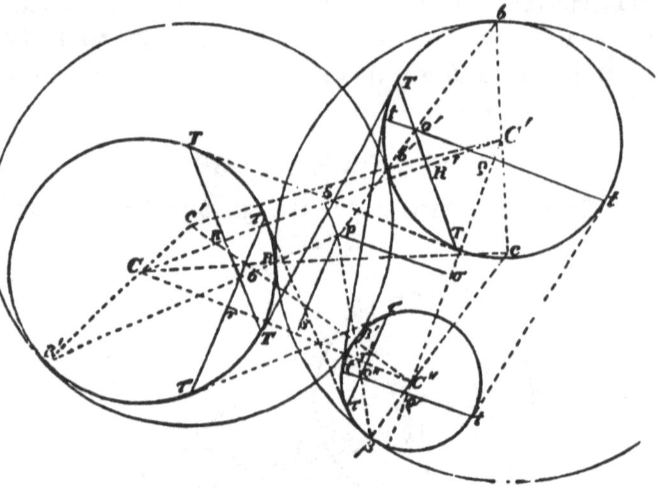

2. Fall. Wenn der gesuchte Kreis zwei der gegebenen einschließend, den dritten ausschließend oder umgekehrt berühren soll. Die Construction ist ganz dieselbe wie im ersten Falle, nur mit dem Unterschiede, daß bei den beiden Kreisen, von welchen der eine aus-, der andere einschließend berührt werden soll, die gemeinschaftliche Tangente zwischen Cc fällt.

Bemerkung. Man kann die angegebene Construction auch in folgender Weise in Worte fassen und dadurch leichter im Gedächtniß behalten: Man suche die Potenzlinien je zweier der drei gegebenen Kreise. (S. Aufg. 13a und Bemerk. dazu.) Diese schneiden sich im Potenzcentrum p. Ferner construire man die äußeren und inneren Aehnlichkeitspunkte je zweier der drei Kreise (Aufg. 13b). Von diesen 6 Punkten liegen viermal je drei auf je einer Geraden, einer Aehnlichkeitslinie der drei Kreise. Zu einer dieser Aehnlichkeitslinien (etwa n, n', n'') als Polare construire man in Bezug auf die drei gegebenen Kreise die Pole (o, o', o'') (Aufg. 12 Bemerk.) und verbinde dieselben mit p durch gerade Linien. Die Durchschnittspunkte derselben mit den gegebenen Kreisen bestimmen auf denselben die Berührungspunkte zweier der gesuchten Kreise. — Da es nun überhaupt vier Aehnlichkeitslinien giebt, so giebt es im günstigsten Falle acht Kreise, welche die drei gegebenen Kreise berühren.

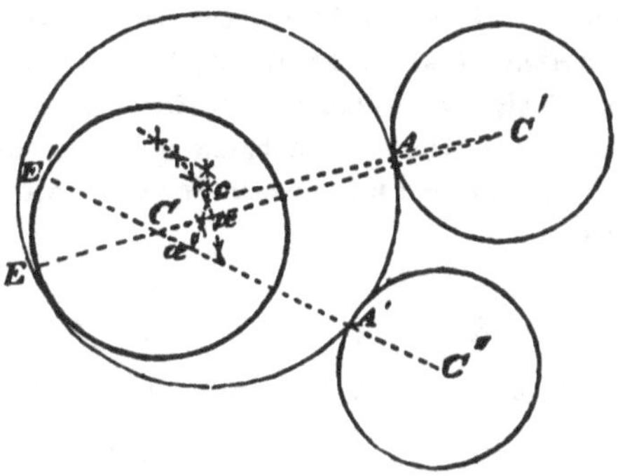

Aufl. 2. Soll z. B. der Kreis C einschließend, die Kreise C', C'' ausschließend berührt werden, so suche man nach Aufg. 26 die geometrischen Oerter für die Mittelpunkte der Kreise, welche C einschließend, C', C'' ausschließend berühren, so ist der Schnittpunkt c dieser beiden Curven der Mittelpunkt des gesuchten Kreises.

Bemerkung. In den Aufgaben von 21 bis 36 sind alle Fälle zusammengestellt worden, in denen verlangt wird, den Mittelpunkt eines Kreises zu construiren, der entweder zwei oder drei von den gegebenen Dingen, Punkt, gerade Linie und Kreis, berühre; und man hat in den Aufgaben 21 bis 26 gesehen, daß, wenn der gesuchte Kreis die Bedingung erfüllen soll, nur zwei dieser Gebilde zu berühren, es unendlich viele Kreise giebt, deren Mittelpunkte jedoch alle entweder in einer geraden oder krummen Linie liegen, und diese gerade oder krumme Linie eben der geometrische Ort genannt worden ist. Die Construction dieser geometrischen Oerter ist nun für alle aufgestellten Fälle mit sehr geringer Veränderung stets dieselbe und so leicht, daß sie dem Gedächtnisse dessen, der sich einmal mit ihr vertraut gemacht hat, selten wieder entschwinden wird, und daher ihre Anwendung für die Praxis des Construirens am meisten zu empfehlen. Mit welcher Leichtigkeit sich die Aufgaben von 27 bis 36, wo der gesuchte Kreis drei der gegebenen Bedingungen erfüllen soll, und dadurch zu einer völlig bestimmten Aufgabe wird, lösen lassen, wird man leicht einsehen, wenn man die vorangestellten streng mathematischen Auflösungen mit diesen vergleicht. In der Praxis, wie bei mehreren Aufgaben aus der beschreibenden Geometrie, wird am häufigsten in den Fällen, wo mehrere Kreise der gestellten Aufgabe genügen, nur einer derselben verlangt, und in diesem speciellen Falle wird man oft, da der Zeichner im Stande sein wird, immer im voraus schon ungefähr den Ort des Mittelpunkts anzugeben, in dieser Gegend auch nur einen Theil der Curve des geometrischen Ortes suchen, und mit zwei, höchstens drei kleinen Hülfsbogen ausreichen. Hat man nun diese parallelen Hülfslinien, entweder Gerade oder concentrische Kreise, nahe aneinander genommen, so ist es meistens erlaubt, die Theile der Curve zwischen zwei aufeinander folgenden Punkten als gerade Linien anzunehmen. Endlich mag noch erwähnt werden, daß in den Fällen, wo die Lage der Punkte, Linien und Kreise, welche berührt werden sollen, von der Art ist, daß die mathematisch genaue Construction nicht auf dem Raume des vorhandenen Papieres ausgeführt werden kann, da häufig gewisse zur Construction nöthige Schnittpunkte weit über den Rand des Papieres hinausfallen, die Auflösungsmethode durch geometrische Oerter stets den geringsten Raum zur Construction erfordert.

Aufgabe 37.

Einen Bogen in 2, 4, 8, 16 ꝛc. gleiche Theile zu theilen.

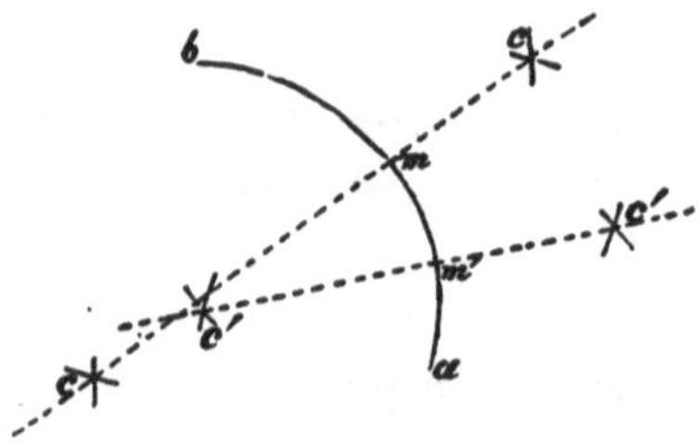

Aufl. 1. Mit einem beliebigen Radius mache man aus a und b die Kreuzbogen bei c und ziehe cc; wo diese den Bogen ab in m schneidet, ist der Mittelpunkt von ab. Auf dieselbe Weise verfahre man mit den Punkten a und m, so erhält man m' als Mittelpunkt von am oder am' = $\frac{1}{4}$ab. Eben so gelangt man zu $\frac{1}{8}$ab, $\frac{1}{16}$ab ꝛc.

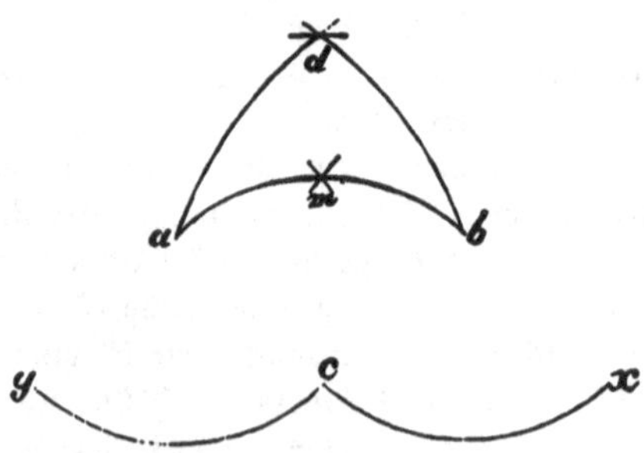

Aufl. 2. Nur mit dem Zirkel. Aus a und b beschreibe man mit dem Radius des gegebenen Bogens die ihm gleichen cx = cy = ab, aus x und y mit xa = yb die Bogen ad und bd, und schneide cd aus x oder y in m, so ist am = mb. Auf gleiche Weise kann man wieder am und bm halbiren u. s. w.

Aufgabe 38.

Einen rechten Winkel in 3 gleiche Theile zu theilen.

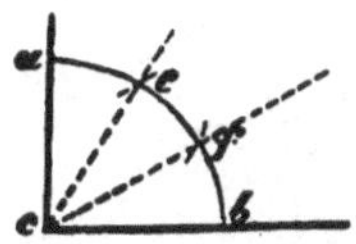

Aufl. Mit einem beliebigen Radius beschreibe man aus c den Bogen ab, schneide mit derselben Oeffnung des Zirkels aus b in e, aus a in f, so ist ae = ef = fb.

Aufgabe 39.

Einen Kreis in 2 gleiche Theile zu theilen.

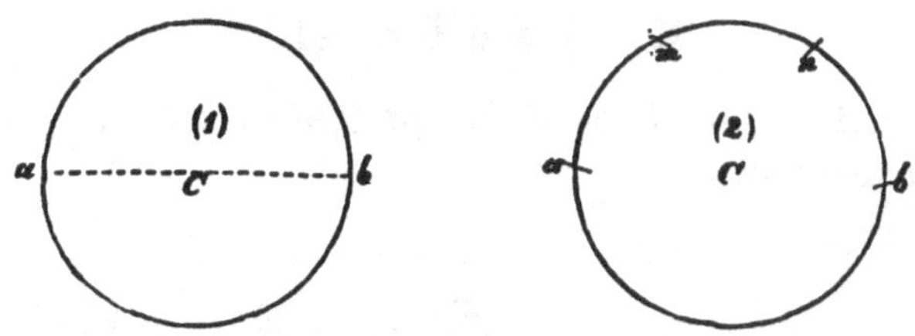

Aufl. 1. Man ziehe durch das Centrum C einen beliebigen Durchmesser, so theilt dieser die Peripherie des Kreises in a und b in zwei gleiche Theile.

Aufl. 2. Nur mit dem Zirkel. Man nehme den Radius des gegebenen Kreises in den Zirkel, setze beliebig in a ein, schneide aus a in m, aus m in n und aus n in b, so liegen a, C, b in gerader Linie.

Aufgabe 40.

Einen Kreis in 3 gleiche Theile zu theilen, oder in demselben ein gleichseitiges Dreieck zu construiren.

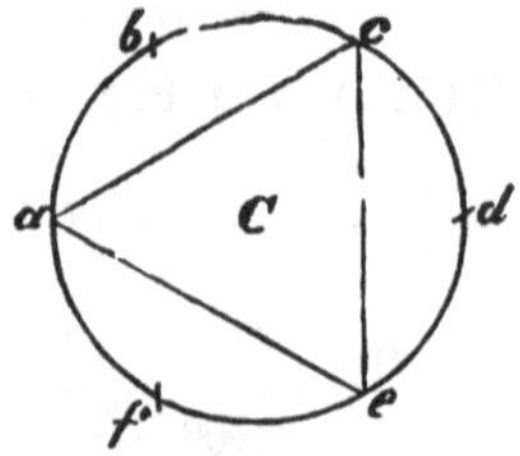

Aufl. Nur mit dem Zirkel. Von einem beliebigen Punkte a trage man den Radius des Kreises aC nach der einen Seite bis c zweimal, nach der anderen Seite bis e ebenfalls zweimal auf, so ist ac = ce = ea. Verbindet man nun diese Punkte durch die Geraden, so hat man das gleichseitige Dreieck. Sicherer ist es jedoch, den Radius aC sechsmal im Kreise herum zu tragen, um zu sehen, ob man von f genau wieder auf a zurückkommt, wozu erforderlich ist, die Zirkelspitze genau in die Peripherie des Kreises einzusetzen.

Aufgabe 41.

Einen Kreis in 4 gleiche Theile zu theilen, oder in demselben ein Quadrat zu construiren.

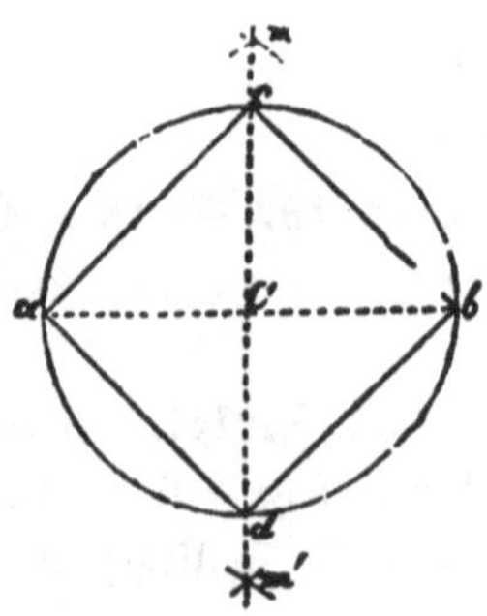

Aufl. 1. Man ziehe einen beliebigen Durchmesser ab, aus a und b beliebig die Kreuzbogen bei m und m' und ziehe mm', so ergeben sich dadurch die Punkte c und d, und a, c, b, d verbunden, giebt das verlangte Quadrat.

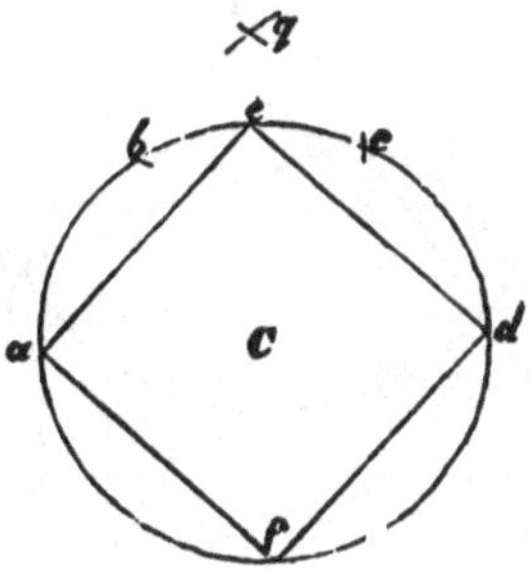

Aufl. 2. Nur mit dem Zirkel. Mit dem Radius aC schneide man aus a in b, aus b in c, aus c in d; dann schneide man aus a und d mit ac = bd in q, so ist Cq die Seite des Quadrates; schneidet man also aus a mit Cq in e und f, so ist der Kreis durch a, e, d, f in 4 gleiche Theile getheilt.

Aufgabe 42.

Einen Kreis in 5 gleiche Theile zu theilen, oder in demselben ein reguläres Fünfeck zu construiren.

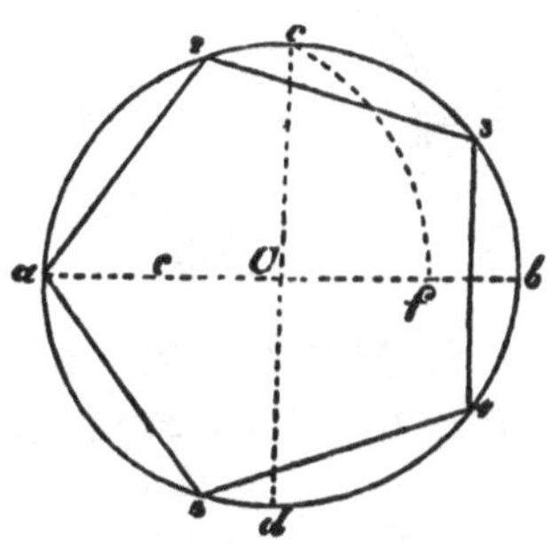

Aufl. 1. Man ziehe zwei auf einander senkrechte Durchmesser ab, cd, theile den Radius aC bei e in die Hälfte, und schneide aus e mit ec in f, so ist fc die Seite des Fünfecks.

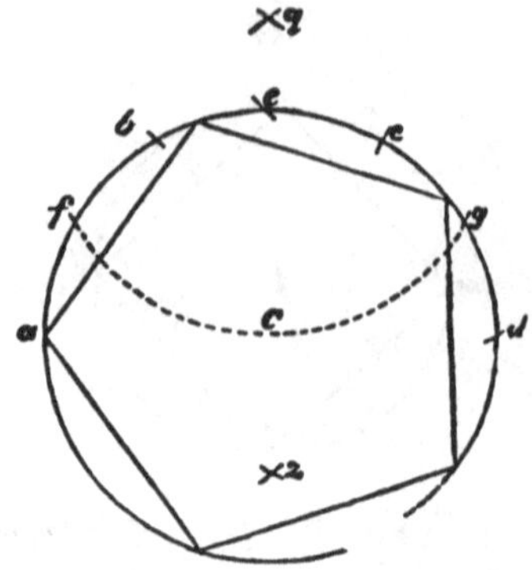

Aufl. 2. Nur mit dem Zirkel. Aus a trage man den Radius aC dreimal bis d auf, und schneide aus a und d mit ac in q, mit Cq aus a in e, und aus e mit eC in f und g, endlich aus f und g mit Cq in z, so ist az die Seite des Fünfecks.

Aufgabe 43.

Einen Kreis in 6 gleiche Theile zu theilen, oder in demselben ein reguläres Sechseck zu construiren.

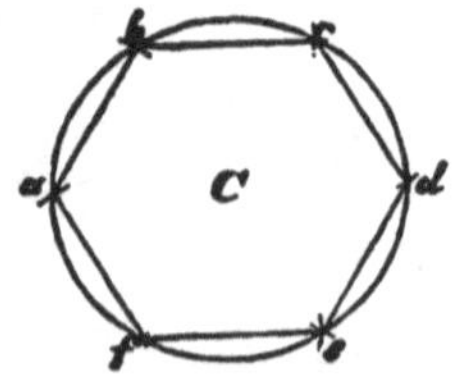

Aufl. Nur mit dem Zirkel. Man nehme den Radius aC in den Zirkel, so läßt sich dieser 6 mal im Kreise herumtragen.

Aufgabe 44.

Einen Kreis näherungsweise in 7 gleiche Theile zu theilen, oder in demselben ein reguläres Siebeneck zu construiren.

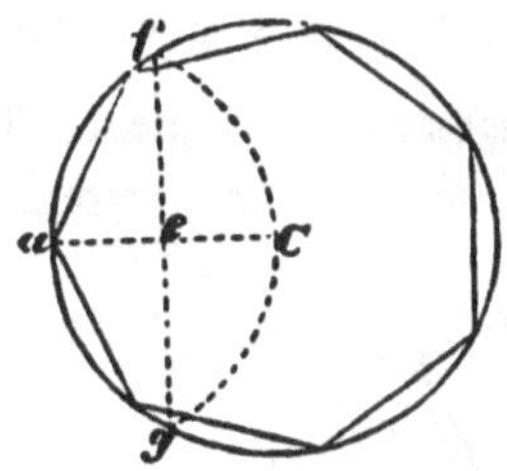

Aufl. Man ziehe den Radius aC und schneide aus a mit aC in f und g, ziehe fg, so ist fe näherungsweise die Seite des Siebenecks.

Für den Radius = 1 ist die Seite des Siebenecks = 0.8678
Die Construction giebt aber fe = 0.8660
also um 0.0018 zu klein.

Aufgabe 45.

Einen Kreis in 8 gleiche Theile zu theilen, oder in demselben ein reguläres Achteck zu construiren.

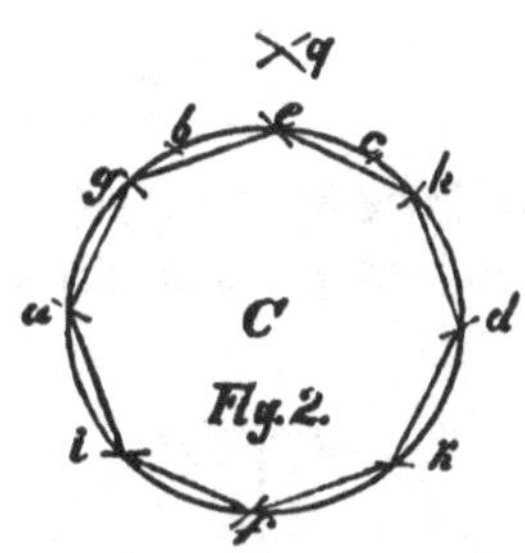

Aufl. 1. Fig. 1. Man ziehe zwei auf einander senkrechte Durchmesser, ab, cd, und theile mit Hülfe der Kreuzbogen bei n, o, n′, o′ die Bogen ac, cb, bd, da nochmals in die Hälfte.

Aufl. 2. Fig. 2. Nur mit dem Zirkel. Aus a trage den Radius aC dreimal bis d auf, schneide aus a und d mit ac in q, mit Cq aus a in e und f, ferner mit dem Radius aC aus q in g und h, endlich mit Cq aus g in i, aus h in k, so ist der Kreis durch a, g, e, h, d, k, f, i in 8 gleiche Theile getheilt worden.

Aufgabe 46.

Einen Kreis näherungsweise in 9 gleiche Theile zu theilen, oder in demselben ein reguläres Neuneck zu construiren.

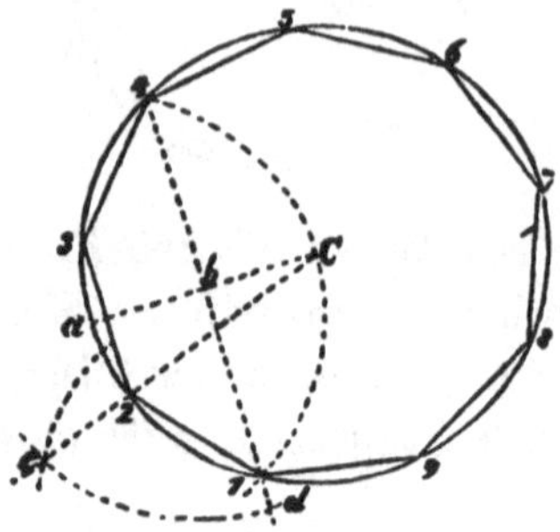

Aufl. Aus einem beliebigen Punkte a schneide man mit dem Radius aC in 1 und 4, aus b in d, und aus b und d in e und ziehe eC, so läßt sich 1 . 2 näherungsweise im Kreise neunmal herumtragen.

Für den Radius = 1 ist die Seite des Neunecks = 0.6840
Die Construction giebt aber die Seite 1 . 2 = 0.6823
also um 0.0017 zu klein.

Aufgabe 47.

Einen Kreis in 10 gleiche Theile zu theilen, oder in demselben ein reguläres Zehneck zu construiren.

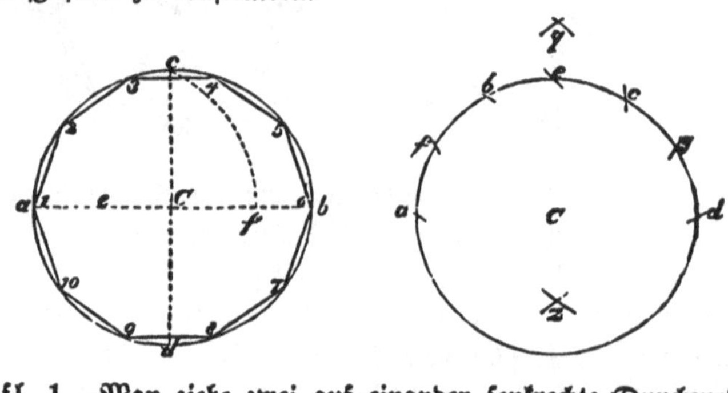

Aufl. 1. Man ziehe zwei auf einander senkrechte Durchmesser, ab, cd, theile den Radius aC bei e in die Hälfte, und schneide aus e mit ec in f, so ist fC die Seite des Zehnecks. Vgl. Aufg. 42.

Aufl. 2. Nur mit dem Zirkel. Aus a trage man den Radius aC dreimal bis d ab und schneide aus a und d mit ac in q, mit Cq aus a in e und aus e mit eC in f und g, endlich aus f und g mit Cq in z, so ist Cz die Seite des Zehnecks. Vgl. Aufg. 42.

Aufgabe 48.

Einen Kreis näherungsweise in 11 gleiche Theile zu theilen, oder in demselben ein reguläres Elfeck zu construiren.

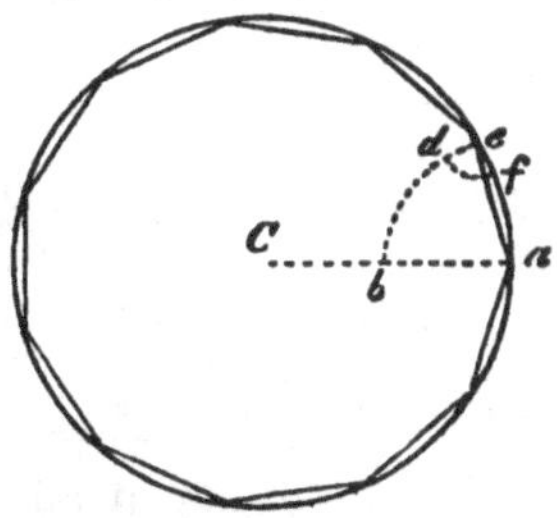

Aufl. Man ziehe einen Radius aC, halbire ihn in b und mache aus a mit ab den Bogen bde, schneide ihn aus b in d und aus e mit ed in f, so ist bf sehr nahe gleich der Seite des Elfecks.

Für den Radius = 1 ist die Seite des Elfecks = 0.5635
Die Construction giebt aber die Länge bf = 0.5637
also um 0.0002 zu groß.

Aufgabe 49.

Einen Kreis in 12 gleiche Theile zu theilen, oder in demselben ein reguläres Zwölfeck zu construiren.

Fig. 1. Fig. 2.

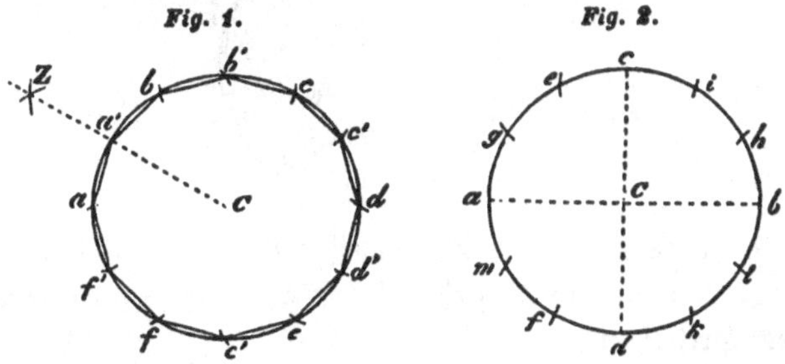

Aufl. 1. Man trage vom Punkte a, Fig. 1, den Radius aC sechsmal im Kreise herum, mache aus a und b die Kreuzbogen bei z, ziehe zC und trage von a' nochmals den Radius aC sechsmal herum. Oder man ziehe,

Fig. 2, cd senkrecht auf ab, schneide mit dem Radius aC aus a in e und f, aus c in g und h, aus b in i und k, und aus d in l und m und verbinde die Schnittpunkte zum Zwölfeck.

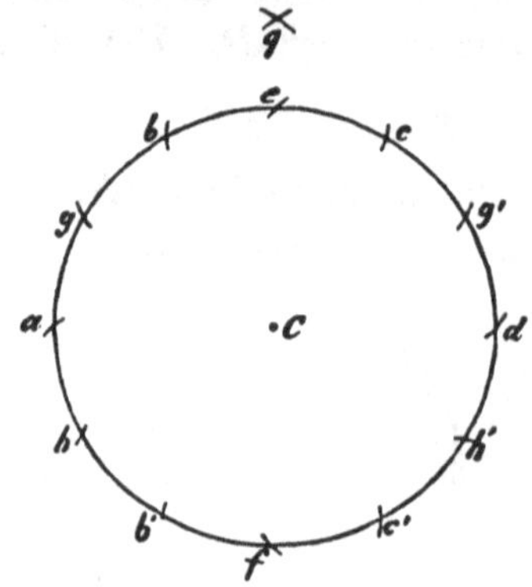

Aufl. 2. Nur mit dem Zirkel. Man trage den Radius aC von a dreimal bis d ab, schneide aus a und d mit ac in q, aus a mit Cq in e und f, dann mit aC aus a in b′, aus e in g und g′, aus d in c′, aus f in h und h′, so ist dadurch der Kreis in 12 gleiche Theile getheilt.

Aufgabe 50.

Einen Kreis näherungsweise in 13 gleiche Theile zu theilen, oder in demselben ein reguläres Dreizehneck zu construiren.

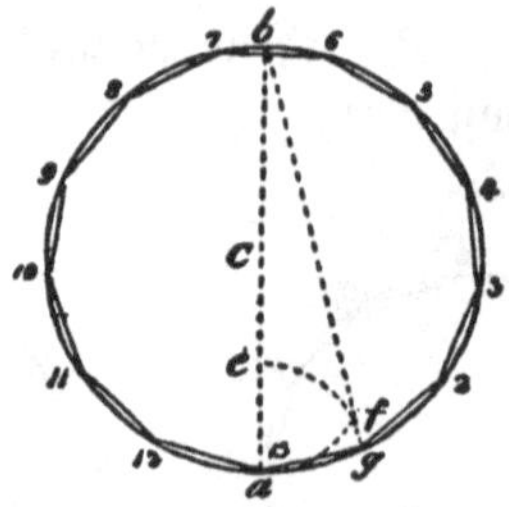

Aufl. Man ziehe einen Durchmesser ab, halbire aC in e und schneide mit ae aus a und e in f, ziehe bf bis g, so ist ag näherungsweise die Seite des Dreizehnecks.

Für den Radius = 1 ist die Seite des Dreizehnecks = 0.4786
Die Construction giebt für die Länge ag = 0.4803
also um 0.0017 zu groß.

Aufgabe 51.

Einen Kreis in 15 gleiche Theile zu theilen, oder in demselben ein reguläres Funfzehneck zu construiren.

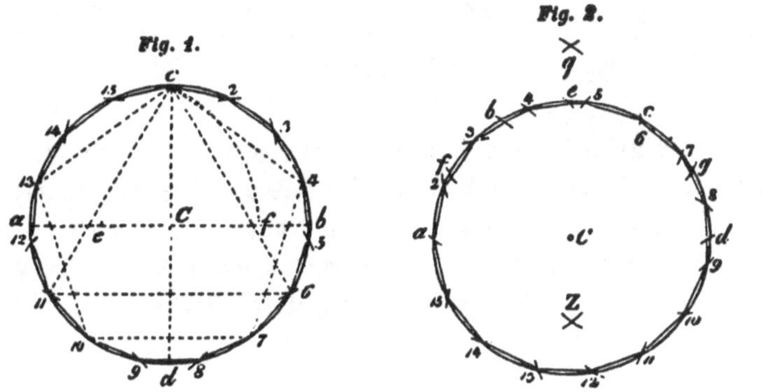

Aufl. 1. Man ziehe zwei auf einander senkrechte Durchmesser, Fig. 1, ab, cd, theile den Radius aC bei e in die Hälfte und schneide aus e mit ec in f, mit fc schneide man aus c in 4, aus 4 in 7, aus 7 in 10, aus 10 in 13. Dann trage man den Radius von c zweimal bis 6 ab, schneide aus c mit c6 in 11, aus 4 in 9 und 14, aus 7 in 2 und 12, aus 10 in 5 und 15, aus 13 in 3 und 8. Vgl. Aufg. 42. Aufl. 1.

Aufl. 2. Nur mit dem Zirkel. Aus a trage den Radius aC dreimal bis d ab und schneide aus a und d mit ac in q, mit Cq aus a in e, aus e mit eC in f und g, und aus f und g mit Cq in z, dann aus a mit az in 4, aus 4 in 7, aus 7 in 10, aus 10 in 13, ferner aus a mit ac in 11, aus 4 in 9 und 14 u. s. w. wie in Aufl. 1. Vgl. Aufg. 42. Aufl. 2.

Aufgabe 52.

Einen Kreis in 20 gleiche Theile zu theilen.

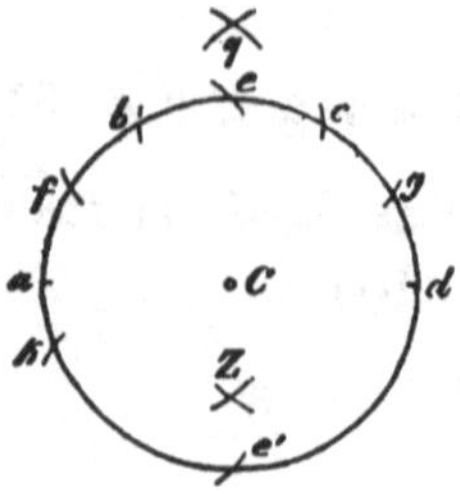

Aufl. Nur mit dem Zirkel. Man trage von a den Radius aC dreimal bis d ab, aus a und d schneide mit ac in q, aus a mit Cq in e und e', aus e mit eC in f und g, und aus f und g schneide mit Cq in z, dann aus e' mit az in k, oder aus z mit aC in k, oder aus e mit ez in k, so ist ak der zwanzigste Theil des Kreises.

Aufgabe 53.

Einen Kreis in 24 gleiche Theile zu theilen.

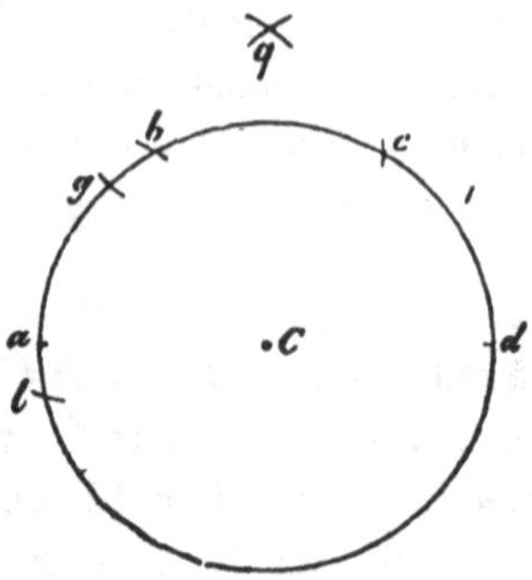

Aufl. Nur mit dem Zirkel. Aus a trage den Radius aC dreimal bis d ab und schneide mit ac aus a und d in q, mit aC schneide man aus q in g, aus g in l, so ist al der vierundzwanzigste Theil des Kreises.

Aufgabe 54.

Einen Kreis in 48 gleiche Theile zu theilen.

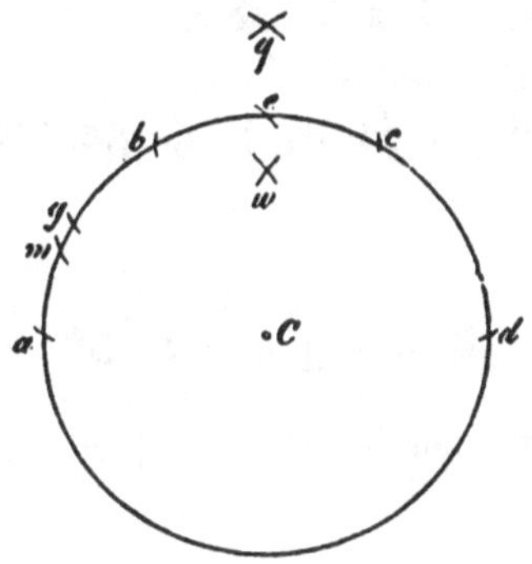

Aufl. Nur mit dem Zirkel. Aus a trage den Radius aC dreimal bis d ab und schneide mit ac aus a und d in q, mit Cq aus a in e, aus e mit aC in g. Aus a und d schneide man mit qg in w, und aus w mit aC in m, so ist gm der achtundvierzigste Theil des Kreises.

Aufgabe 55.

Einen Kreis in 120 gleiche Theile zu theilen.

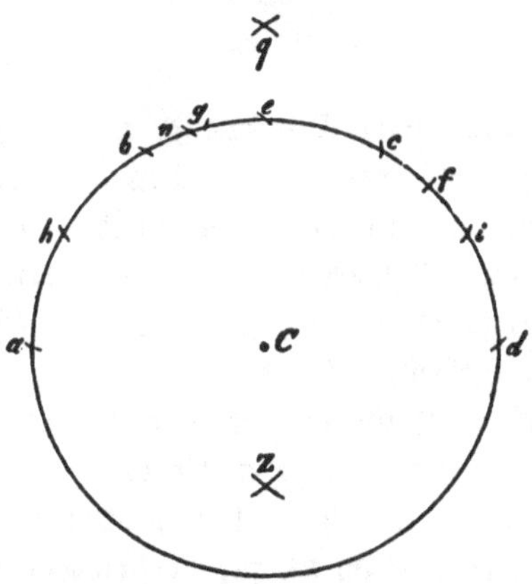

Aufl. Nur mit dem Zirkel. Man trage

1) den Radius aC dreimal ab, bc, cd bis d ab,
2) schneide aus a und d mit ac in q,
3) „ „ a mit Cq in e,
4) „ „ q mit aC in f, aus f in g,

5) schneide aus e mit aC in h und i,

6) " " h und i mit Cq in z,

7) " " a mit az in n, so ist gn der hundertundzwanzigste Theil des Kreises.

Aufgabe 56.

Einen Kreis näherungsweise in beliebig viele gleiche Theile zu theilen.

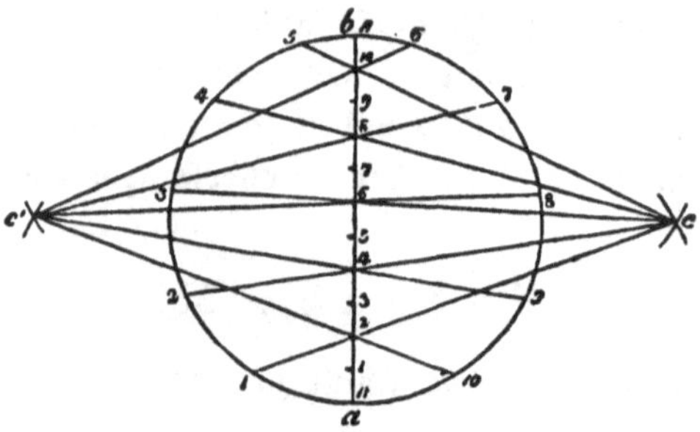

Aufl. 1. Man ziehe einen Durchmesser ab und schneide aus a und b mit ab in c und c'; theile dann ab in eben so viele gleiche Theile, als der Kreis getheilt werden soll und ziehe durch c und c' und durch die geraden Theilpunkte von ab Gerade, bis sie den Kreis auf der entgegengesetzten Seite treffen, so wird durch sie der Kreis näherungsweise in eben so viele gleiche Theile getheilt. In der Figur ist z. B. der Durchmesser ab in 11 gleiche Theile getheilt, und durch c und c' und durch die Theilpunkte 2, 4, 6 ꝛc. die Geraden gezogen worden, wodurch man im Kreise die Punkte 1, 2, 3 ꝛc. erhalten hat. Mit welcher Genauigkeit man durch diese Construction die erste Seite a1 für verschiedene Vielecke erhält, zeigt nachstehende Tafel, in welcher die erste Spalte die Anzahl der Seiten des Vielecks angiebt, die zweite die wahre Länge einer derselben, wenn man den Radius des Kreises = 1 annimmt, die dritte den Werth, welchen die Construction giebt, und die vierte den Unterschied beider.

Für den Radius = 1 ist die Seite des		Die Construction giebt	Unterschied	Für den Radius = 1 ist die Seite des		Die Construction giebt	Unterschied
5 Ecks	1 1756	1.1749	— 0.0007	18 Ecks	0.3473	0.3580	+ 0.0107
6 „	1.0000	1.0000	0.0000	19 „	0.3292	0.3400	+ 0.0108
7 „	0.8678	0.8692	+ 0.0014	20 „	0.3129	0.3238	+ 0.0109
8 „	0.7654	0.7684	+ 0.0030	21 „	0.2981	0.3091	+ 0.0110
9 „	0 6840	0.6886	+ 0.0046	22 „	0.2846	0.2956	+ 0.0110
10 „	0.6180	0.6240	+ 0.0060	23 „	0.2723	0.2834	+ 0.0111
11 „	0.5635	0 5705	+ 0 0070	24 „	0.2611	0 2721	+ 0.0110
12 „	0.5176	0.5256	+ 0.0080	25 „	0.2507	0 2616	+ 0 0109
13 „	0.4786	0.4874	+ 0.0088	26 „	0.2411	0.2520	+ 0.0109
14 „	0.4450	0.4544	+ 0.0094	27 „	0.2322	0.2430	+ 0.0108
15 „	0.4158	0.4256	+ 0.0098	28 „	0.2239	0.2347	+ 0.0108
16 „	0.3902	0.4004	+ 0.0102	29 „	0.2162	0.2269	+ 0.0107
17 „	0.3675	0.3780	+ 0.0105	30 „	0.2091	0.2196	+ 0.0105

Hieraus sieht man, daß die Construction die Seite a1 des gesuchten Vielecks stets zu groß giebt, und der Fehler wächst, je größer die Anzahl der Seiten des Vielecks wird. Man würde also, wollte man die Seite a1 allein im Kreise herumtragen, nicht wieder in den Punkt a zurückkommen, sondern über denselben hinaus, und z. B. beim 20Eck um $\frac{2}{10}$, beim 30Eck schon um $\frac{3}{10}$ des Radius. Durch das Ziehen der Linien von c und c′ aus werden aber diese Fehler gleichmäßig vertheilt, indem die Seite 1.2 um ein Geringes kleiner ist als die Seite a1, die Seite 2.3 wieder um ein Geringes kleiner als 1.2 u. s. w., bis zu der Mitte des Halbkreises, nachher aber um eben so viel wieder wachsen. Diese Methode den Kreis zu theilen ist bekannt unter dem Namen der Renaldi'schen, weil Renaldi sie in seinem Werke De Resolutione et Compositione mathematica. Patavii 1668, pag. 367 zuerst gegeben hat.

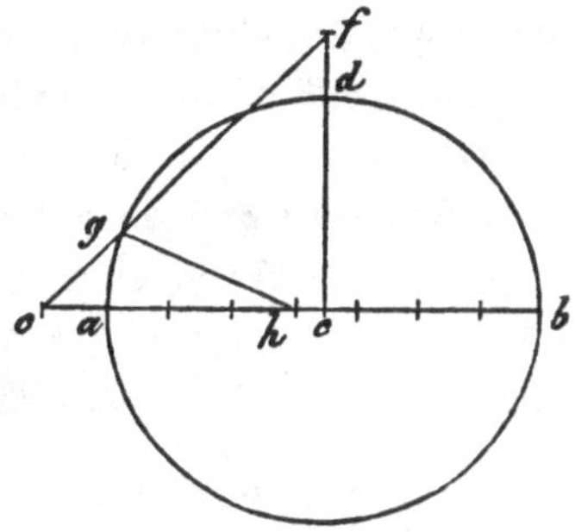

Aufl. 2. Man zeichne einen Durchmesser ab und darauf senkrecht einen Halbmesser cd. Den Durchmesser ab theile man in so viele gleiche

Theile, als das Vieleck Seiten haben soll, hier in 7 und verlängere ihn um einen solchen Theil ae = $\frac{1}{7}$ab. Den Halbmesser cd verlängere man ebenfalls, so daß df = ae ist und ziehe von e nach f eine Gerade, welche den Kreis zuerst in g schneidet. Dann ist die Gerade hg, vom dritten Theilungspunkte h des Durchmessers bis nach g, näherungsweise die Seite des regelmäßigen Vielecks, hier des Siebenecks.

Diese Construction ist entnommen dem Lehrbuche der Geometrie von Kunze, Jena 1842, pag. 235.

Zur Beurtheilung der Genauigkeit, welche diese Construction gewährt, dient folgende Tabelle, deren Einrichtung der obigen analog ist.

Für den Radius = 1 ist die Seite des		Die Construction giebt	Unterschied	Für den Radius = 1 ist die Seite des		Die Construction giebt	Unterschied
7 Ecks	0.8678	0.8675	— 0.0003	19 Ecks	0.3292	0.3290	— 0.0002
9 „	0.6840	0.6830	— 0.0010	21 „	0.2981	0.2980	— 0.0001
11 „	0.5635	0.5625	— 0.0010	23 „	0.2723	0.2724	+ 0.0001
13 „	0.4786	0.4778	— 0.0008	25 „	0.2507	0.2508	+ 0.0001
15 „	0.4158	0.4153	— 0.0005	27 „	0.2322	0.2324	+ 0.0002
17 „	0.3675	0.3672	— 0.0003	29 „	0.2162	0.2165	+ 0.0003

Diese Construction ist also erheblich genauer als die Renaldi'sche.

Für das 5Eck ist diese Construction nicht anwendbar. —

Wollte man nun die gefundene Seite des nEcks nmal als Sehne im Kreise herumtragen, so würde man nur selten in den Anfangspunkt zurückkommen.

Hat man z. B. ein Siebeneck zu zeichnen, so trage man die gefundene Seite als Sehne in den Kreis ein.

Den übrig bleibenden großen Kreisbogen = sechs Siebentel der ganzen Peripherie, halbire man. (Dies geschieht am genausten, indem man beiderseits gleiche Stücke abschneidet und dann den Rest halbirt nach Aufg. 37.) Nimmt man nun zu den entstandenen drei Siebenteln der Peripherie das eine Siebentel hinzu, so erhält man durch fortgesetztes Halbiren die noch fehlenden Ecken des Siebenecks. Analog verfahre man bei Vielecken mit anderer Seitenanzahl. Vgl. Kunze a. a. O. pag. 239.

Aufgabe 57.

Ueber einer gegebenen Seite ab ein gleichseitiges Dreieck zu construiren. (Vgl. auch Aufg. 4 Bemerk.)

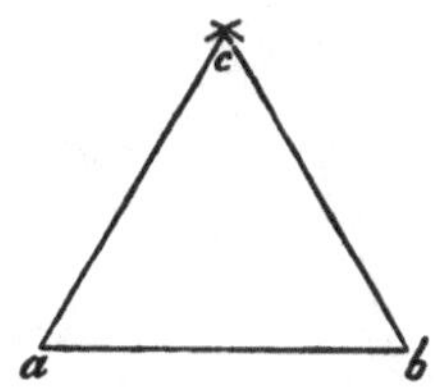

Aufl. Aus a und b schneide mit ab in c und ziehe ac und bc.

Aufgabe 58.

Ueber einer gegebenen Seite ab ein Quadrat zu construiren.

Fig. 1.

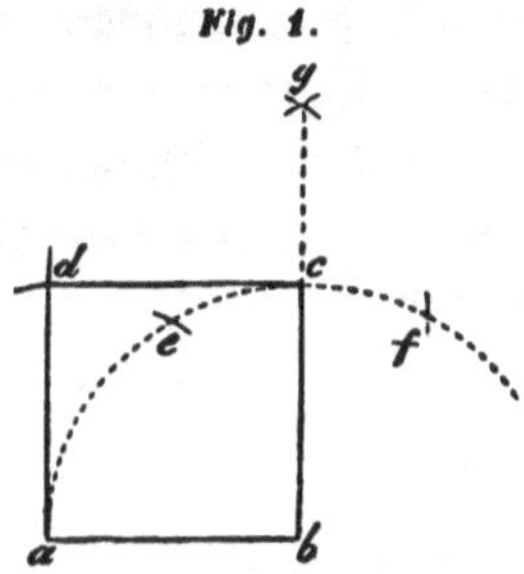

Fig. 2.

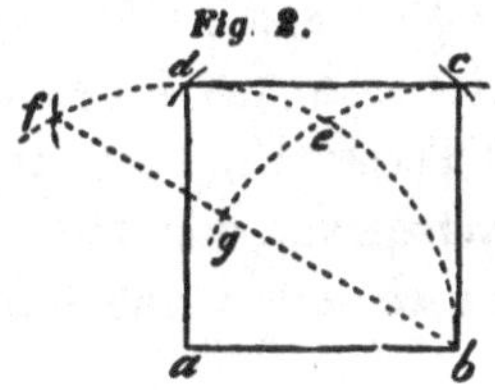

Aufl. 1. Mit ab beschreibe aus b einen Bogen, Fig. 1, schneide aus a in e, aus e in f, und aus e und f in g, ziehe bg bis c und schneide mit ab aus a und c in d. Oder Fig. 2. Mit ab beschreibe aus a und b Bogen, schneide aus a und e in f und ziehe bf, die in g schneidet, und mache ec = ed = eg.

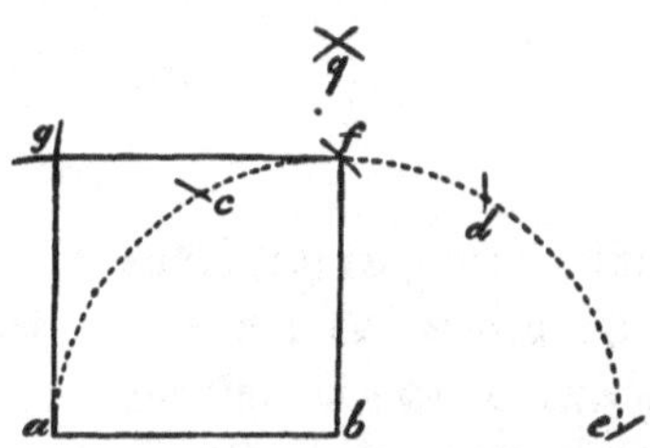

Aufl. 2. Nur mit dem Zirkel. Aus b beschreibe man mit ab einen Bogen, trage ab dreimal ac, cd, de bis e ab und schneide mit ad aus a und e in q, mit bq aus a in f, und aus a und f mit ab in g.

Aufgabe 59.

Ueber einer gegebenen Seite ab ein reguläres Fünfeck zu construiren.

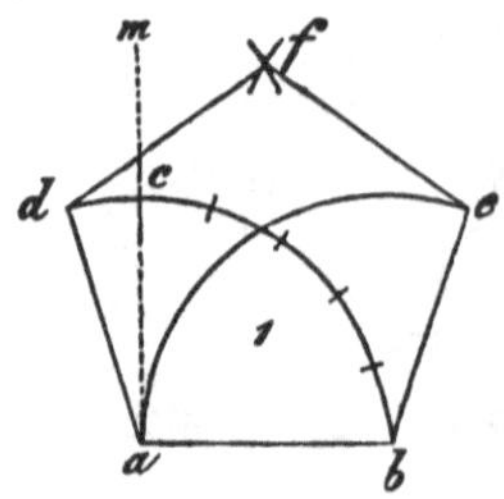

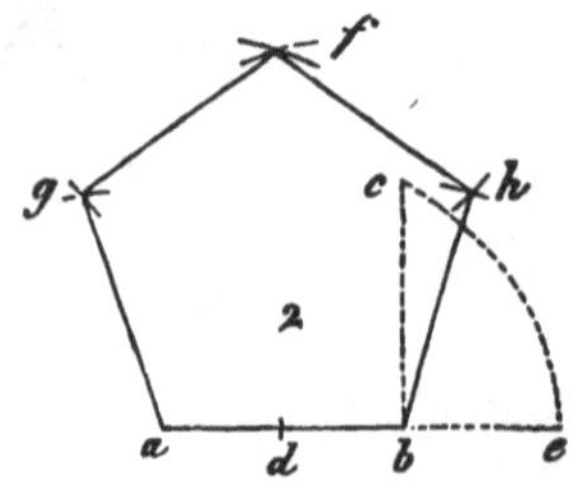

Aufl. 1. Man errichte, Fig. 1, in a ein Perpendikel am, und mache aus a den Bogen bcd, theile den Quadranten bc in 5 gleiche Theile und mache cd = $\frac{1}{5}$bc; aus b beschreibe mit ab einen Bogen, und mache ae = bd, dann schneide man aus e und d mit ab in f. Oder man errichte in b, Fig. 2, ein Perpendikel bc = ab, halbire ab in d und schneide aus d mit dc die Verlängerung von ab in e; aus a und b schneide man mit ae in f, dann mit ab aus a und f in g, aus b und f in h.

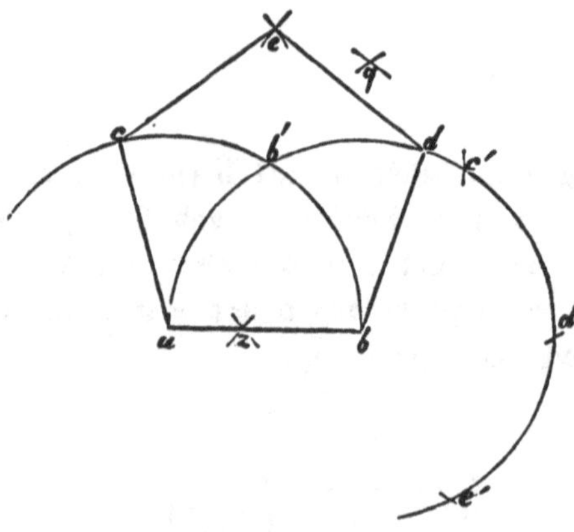

Aufl. 2. Nur mit dem Zirkel. Aus a und b beschreibe man mit ab zwei Bogen, trage von a aus den Radius viermal ab', b'c', c'd', d'e' bis e' ab, aus a und d' schneide mit ac' in q, aus c' und e' mit bq in z, trage bz von a dreimal ab bis d, von b dreimal ab bis c, und schneide aus c und d mit ab in e. Oder man schneide aus a und b mit d'z in e, aus e mit ab in c und d.

Aufgabe 60.

Ueber einer gegebenen Seite ab ein reguläres Sechseck zu construiren.

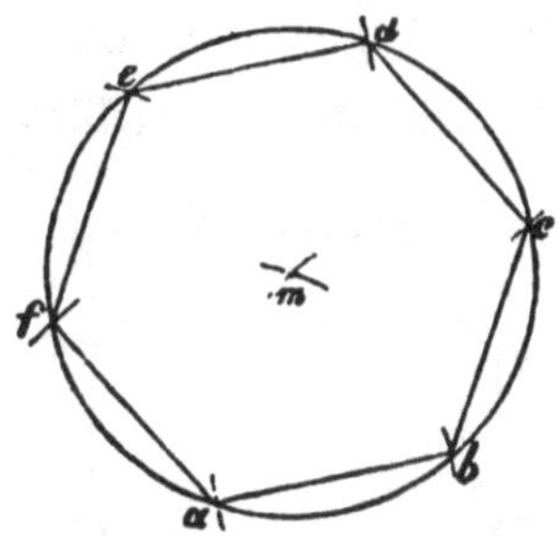

Aufl. Nur mit dem Zirkel. Aus a und b schneide man mit ab in m, und beschreibe aus m mit ma einen Kreis, so läßt sich in diesem die Seite ab sechsmal herumtragen.

Aufgabe 61.

Ueber einer gegebenen Seite ab näherungsweise ein reguläres Siebeneck zu construiren.

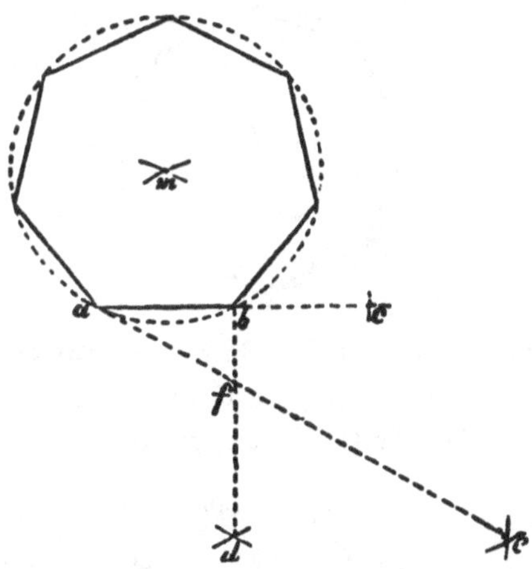

Aufl. Man verlängere ab und mache bc = ab, aus a und c schneide mit ac in d, aus c und d in e, ziehe bd und ae, die sich in f schneiden, so ist af näherungsweise der Radius eines Kreises, in dem sich ab siebenmal herumtragen läßt. Für die Seite = 1 ist der Radius des umschriebenen Kreises = 1.1524

Die Construction giebt af = 1.1547

also um 0.0023 zu groß.

Aufgabe 62.

Ueber einer gegebenen Seite ab ein reguläres Achteck zu construiren.

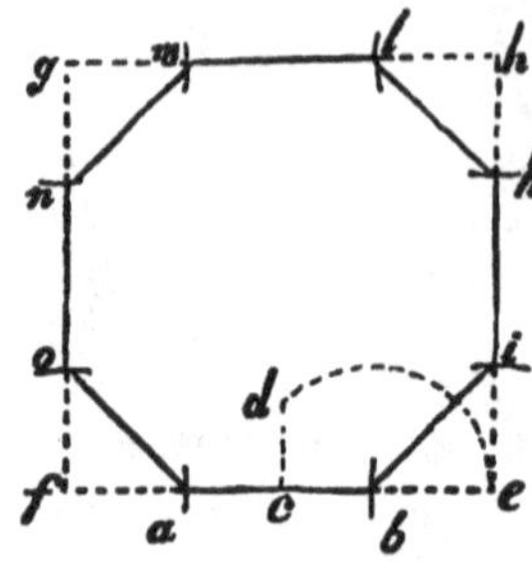

Aufl. 1. Man halbire ab in c, errichte in c ein Perpendikel cd = cb, schneide die Verlängerung von ab aus b und a mit bd in e und f, construire über ef das Quadrat efgh, und schneide aus den Endpunkten von den Seiten Stücke = eb ab.

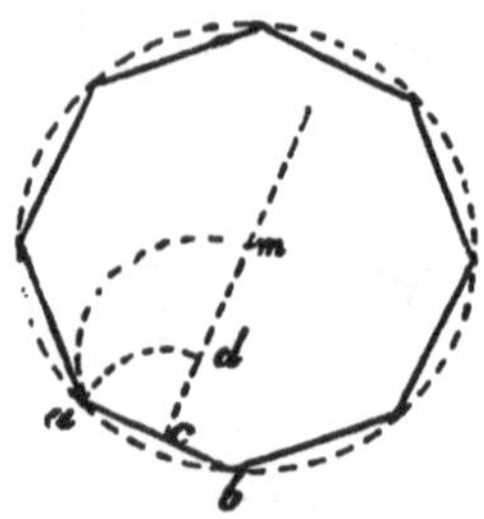

Aufl. 2. Man errichte in der Mitte von ab in c ein Perpendikel, schneide aus c mit ca in d, aus d mit da in m, und beschreibe aus m mit ma einen Kreis, so läßt sich in diesem die Seite achtmal herumtragen.

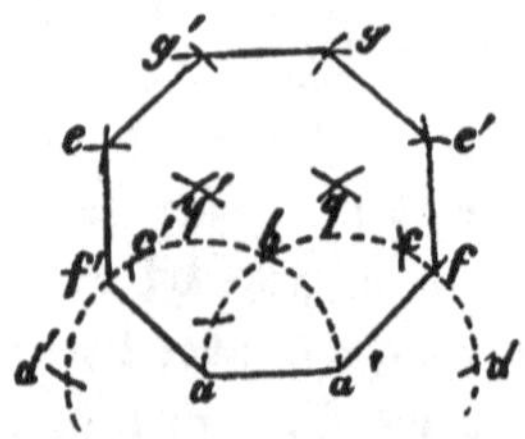

Aufl. 3. Nur mit dem Zirkel. Aus a und a' beschreibe man mit aa' zwei Bogen, trage aa' von a dreimal bis d, von a' dreimal bis d' ab, mit ac schneide aus a und d in q, aus a' und d' in q, beschreibe

aus q den Bogen bei e, aus q' den Bogen bei e', schneide dann aus q mit aa' in f und zeichne den Bogen bei g, eben so schneide aus q' in f' und zeichne den Bogen bei g'; endlich schneide aus f' in e, aus e in g', aus g' in g und aus g in e'.

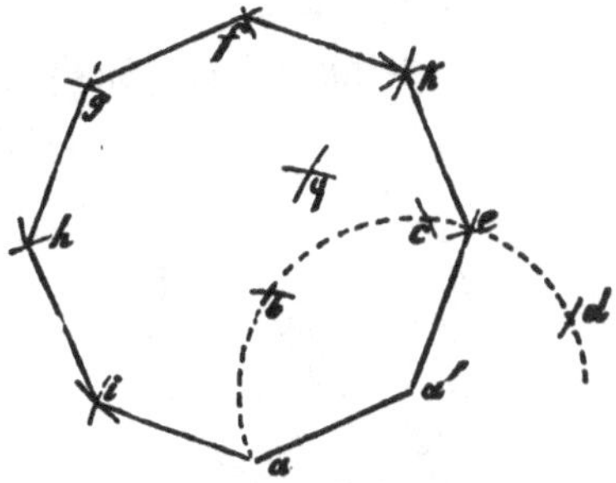

Aufl. 4. Nur mit dem Zirkel. Aus a' beschreibe mit aa' einen Bogen, trage den Radius aa' dreimal bis d ab, und schneide aus a und d mit ac in q, aus q schneide mit aa' in e und mache einen Bogen bei f, mit qa' einen Bogen bei g, mit qa einen Bogen bei h, und mit ae einen Bogen bei i, dann schneide mit aa' aus a in i, aus i in h, aus h in g, aus g in f und aus e und f in k.

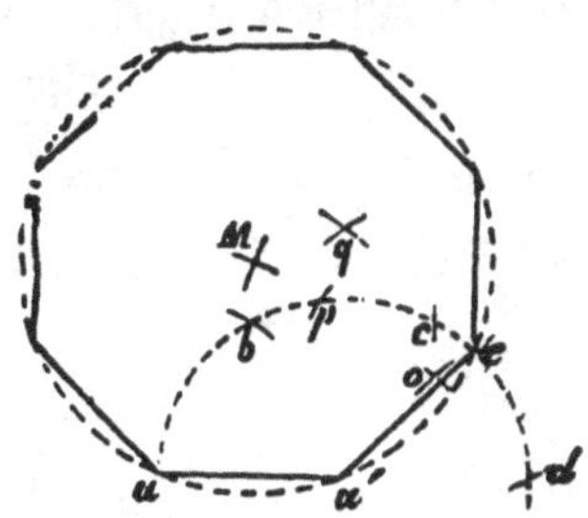

Aufl. 5. Nur mit dem Zirkel. Aus a' mache man mit aa' einen Bogen, trage aa' dreimal bis d ab und schneide aus a und d mit ac in q, aus q mit aa' in e, aus a' und d mit de in o und aus o in p, endlich aus a und e mit ap in M, so ist M der Mittelpunkt des Kreises, in welchem sich aa' achtmal herumtragen läßt.

Aufgabe 63.

Von den Ecken eines Quadrates vier Dreiecke so abzuschneiden, daß ein reguläres Achteck übrig bleibt.

Aufl. Ziehe in dem Quadrat die Diagonalen und trage auf jede Seite desselben von den Ecken aus die Länge der halben Diagonale ab. Die so erhaltenen Punkte sind die Ecken des Achtecks.

Aufgabe 64.

Ueber einer gegebenen Seite ab näherungsweise ein reguläres Neuneck zu construiren.

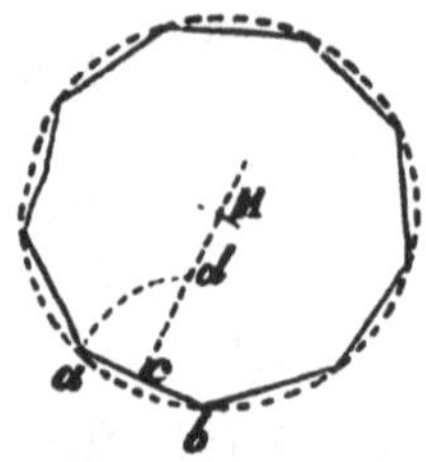

Aufl. Man halbire ab in c und errichte ein Perpendikel, schneide aus b mit ab in d, und mache dM = ac, so ist Ma der Radius des Kreises, in welchem sich ab neunmal herumtragen läßt. Für die Seite = 1 ist der Radius des umschriebenen Kreises beim Neuneck

= 1.4620

Die Construction giebt Ma = 1.4547

also um 0.0073 zu klein.

Aufgabe 65.

Ueber einer gegebenen Seite ab ein reguläres Zehneck zu construiren.

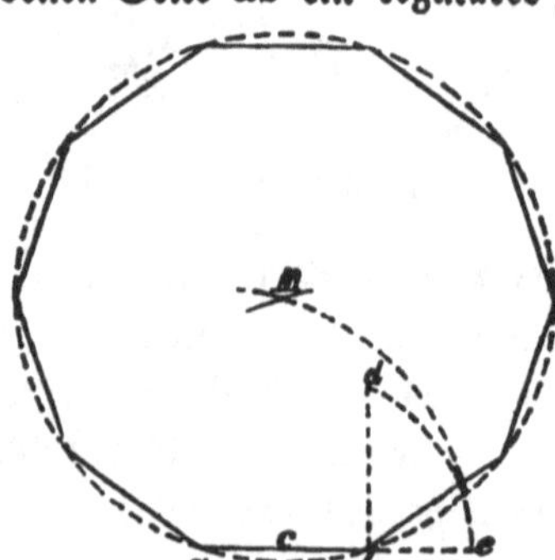

Aufl. 1. Man halbire ab in c, errichte in b ein Perpendikel bd = ab und schneide aus c mit cd in e, aus a und b mit ae in M, so ist M der Mittelpunkt des umschriebenen Kreises.

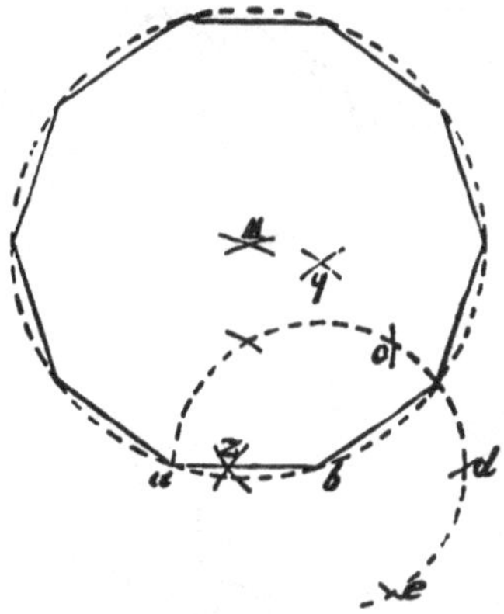

Aufl. 2. Nur mit dem Zirkel. Aus b beschreibe mit ab einen Bogen und trage ab viermal bis e ab, aus a und d schneide mit ac in q, aus c und e mit bq in z, und aus a und b mit dz in M, so ist M der Mittelpunkt des umschriebenen Kreises.

Aufgabe 66.

Ueber einer gegebenen Seite ab ein beliebig vielseitiges reguläres Vieleck, z. B. ein Siebeneck, zu construiren.

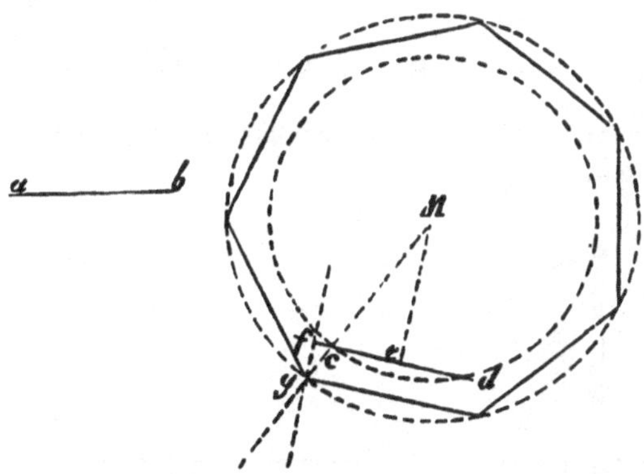

Aufl. 1. Man construire in einem beliebigen Kreise die Seite cd eines regulären Vielecks von eben so vielen Seiten, als das verlangte, halbire dieselbe in e und mache ef der Hälfte der gegebenen Seite ab gleich, errichte in f eine Senkrechte auf cd und ziehe Mc, bis sie die Senkrechte in g schneidet, so ist Mg der Radius des Kreises, in welchem sich ab so oft als verlangt wurde herumtragen läßt.

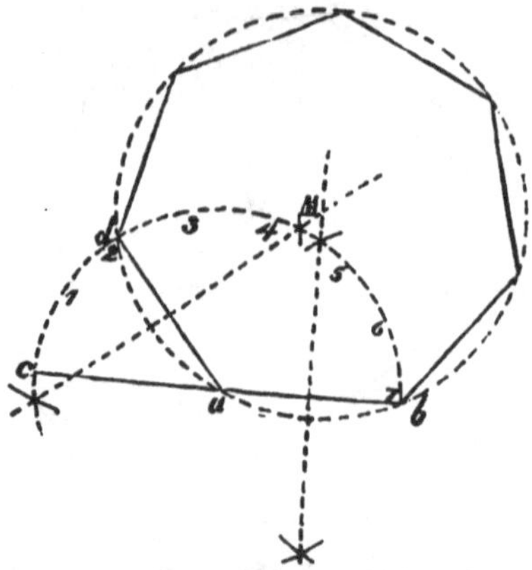

Aufl. 2. Man verlängere ab nach c, beschreibe aus a mit ab einen Halbkreis, und theile ihn in eben so viele gleiche Theile, als das gesuchte Vieleck Seiten haben soll, ziehe von a stets nach dem zweiten Theilpunkte, von c aus gezählt, die Linie ad, und beschreibe durch a, b und d einen Kreis, so läßt sich in diesem die gegebene Seite ab so oft als verlangt wurde herumtragen.

Aufgabe 67.

Eine Linie zu construiren, welche näherungsweise dem Umfange eines gegebenen Kreises gleich ist.

Aufl. 1. Man theile den Durchmesser in 7 gleiche Theile, trage von a den Durchmesser ab dreimal bis c ab und setze noch cd = $\frac{1}{7}$ab hinzu.

Für den Durchmesser = 1 ist der Umfang = 3.14159

Die Construction giebt die Länge ad = 3.14287

also um 0.00128 zu groß.

Aufl. 2. Man theile die Seite des Quadrats im Kreise in 5 gleiche Theile, trage den Durchmesser ab dreimal bis c ab und setze noch cd = $\frac{1}{5}$be hinzu. Für den Durchmesser = 1 ist der Umfang = 3.14159

Die Construction giebt die Länge ad = 3.14125

also um 0.00034 zu klein.

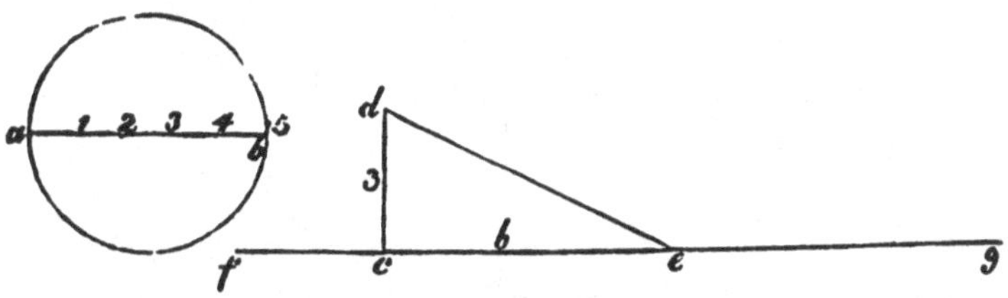

Aufl. 3. Man theile den Durchmesser ab in 5 gleiche Theile, construire ein rechtwinkliges Dreieck dce, dessen eine Kathete cd gleich 3 solcher Theile, die andere ce gleich 6 solcher Theile ist, so ist der Umfang des Dreiecks dce = fg = 3.14164. Für den Durchmesser = 1 ist aber der Umfang des Kreises = 3.14159

also um 0.00005 zu groß.

Von der Ellipse.

Bezeichnungen.

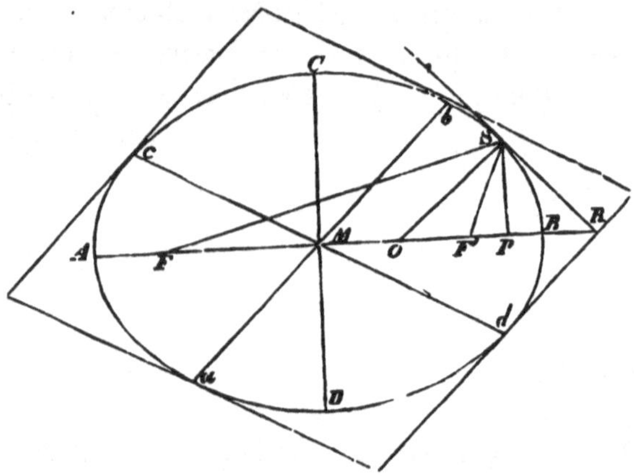

Man nennt: M den Mittelpunkt der Ellipse,
AB die große, CD die kleine Axe, beide die Hauptaxen,
A, B, C und D die vier Scheitelpunkte,
F und F' die Brennpunkte (Focus),
FS oder F'S einen Leitstrahl oder radius vector } des Punktes S,
FS und F'S zusammen radii vectores
SR die Tangente } im Punkte S,
SO die Normale
PR die Subtangente } welche zum Punkte S gehören,
PO die Subnormale
MP die Abscisse } des Punktes S,
PS die Ordinate
MF = MF' die Excentricität der Ellipse,

ab, cd conjugirte Durchmesser, wenn die Tangenten in c und d parallel ab, und die Tangenten in a und b parallel cd sind.

Einige der wichtigsten Eigenschaften der Ellipse.

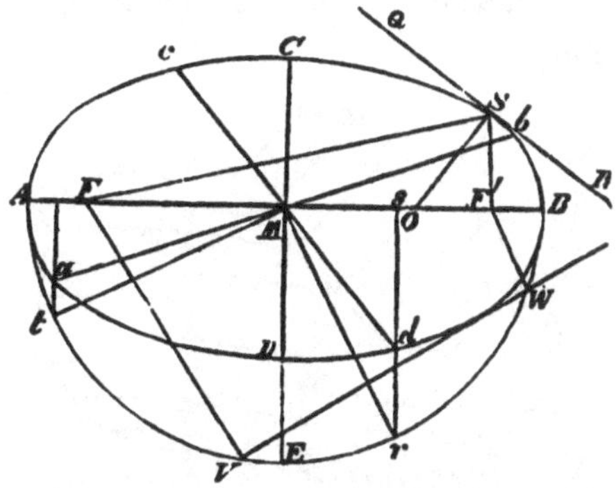

I. Beschreibt man über einer Axe, etwa über AB, einen Halbkreis und zieht durch einen Punkt d der Ellipse eine Senkrechte rs, so verhält sich

$$sd : sr = MD : ME = MD : MA, \text{ d. h.:}$$

eine Ordinate der Ellipse verhält sich zur zugehörigen Ordinate des Kreises, wie die kleine Axe zur großen.

II. Die Summe der radii vectores eines Punktes S der Ellipse ist der großen Axe gleich, d. h. es ist immer

$$FS + F'S = AB.$$

III. Die zuei nem Punkte S gehörenden radii vectores machen mit der Tangente QR sowie mit der Normale SO in diesem Punkte gleiche Winkel, d. h. es ist

$$\angle FSQ = \angle F'SR$$

$$\text{und } \angle FSO = \angle F'SO.$$

Die Normale steht senkrecht auf der Tangente.

IV. Die zu den conjugirten Durchmessern ab, cd zugehörigen Radien des Kreises Mt, Mr stehen senkrecht auf einander.

Von zwei conjugirten Durchmessern einer Ellipse halbirt jeder alle Sehnen, welche dem andern parallel sind.

Die Hauptaxen sind auch zwei conjugirte Durchmesser und zwar sind es die einzigen, welche auf einander senkrecht stehen.

V. Wenn man aus den beiden Brennpunkten F und F' zwei Senkrechte FV und F'W auf eine Tangente VW der Ellipse fällt, so liegen die Fußpunkte V, W auf dem über der großen Axe beschriebenen Kreise.

VI. In Betreff der Krümmungsradien der Ellipse in den Scheiteln vgl. Aufg. 71 Aufl. 6 Bemerk.

Aufgabe 68.

Eine Ellipse zu construiren, wenn die große Axe AB und die kleine Axe CD gegeben sind.

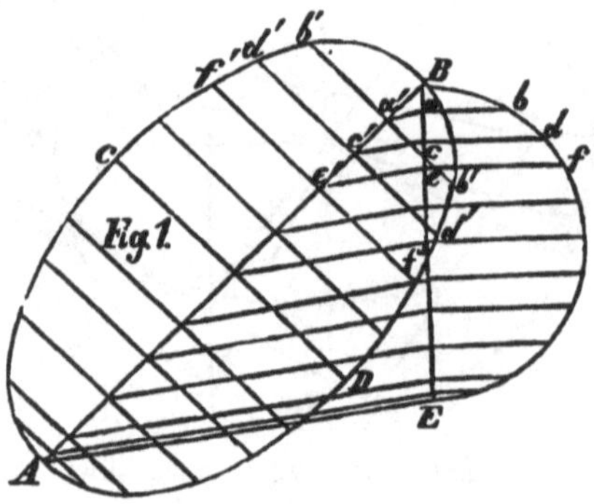

Aufl. 1. Man lege an den Endpunkt der einen Axe, etwa AB, beliebig die andere BE = CD an, beschreibe über BE einen Halbkreis und ziehe beliebige auf BE senkrechte halbe Sehnen ab, cd, ef; durch die Punkte a, c, e ziehe man Parallelen mit AE, die AB in a', c', e' schneiden, und durch diese Schnittpunkte Senkrechte auf AB, mache dann a'b' = ab, c'd' = cd, e'f' = ef ꝛc., so sind b', d', f' Punkte der Ellipse.

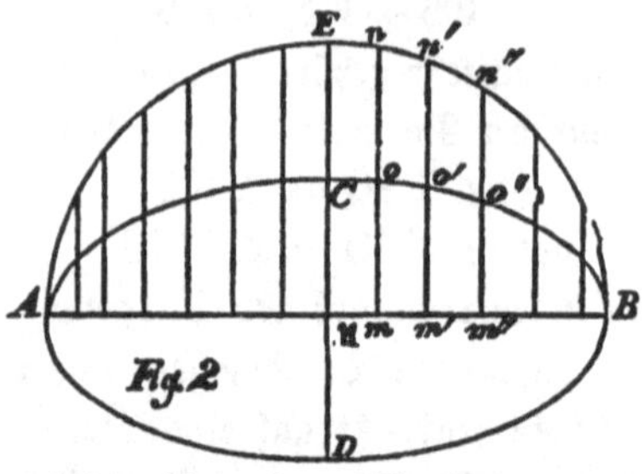

Aufl. 2. Man beschreibe über AB einen Halbkreis und ziehe beliebige auf AB senkrechte halbe Sehnen mn, m'n', m''n'' ꝛc., theile diese (nach Aufg. 8) in den Punkten o, o', o''... so, daß mn : mo = m'n, m'n' : m'o' = m''n'' : m''o'' = AB : CD = AM : MC, so sind o, o', o'' Punkte der Ellipse.

Ist CD die Hälfte von AB, so sind die Punkte o, o', o'' die Mittelpunkte von mn, m'n', m''n''...

Eben so kann man über CD einen Halbkreis construiren, senkrecht auf CD halbe Sehnen ziehen und diese im Verhältnisse von MC zu MA vergrößern.

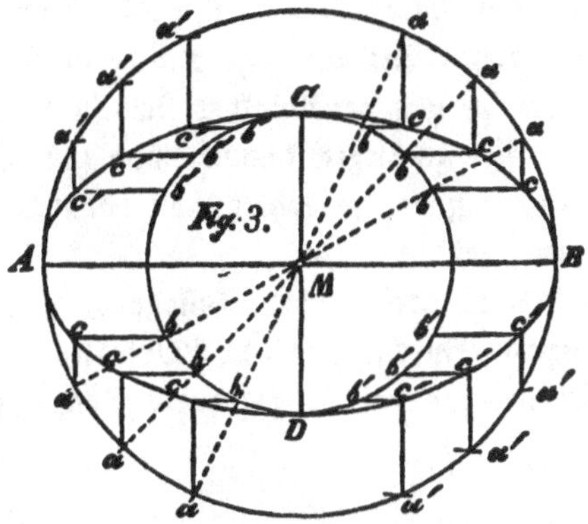

Aufl. 3. Man beschreibe aus M mit den beiden halben Axen MA und MC zwei Kreise, und ziehe einen beliebigen Durchmesser aa im großen Kreise, der den kleinen in b, b schneidet. Durch Parallelen mit AB erhält man dann die Punkte a′ und b′. Durch die Punkte a, a′ im großen Kreise ziehe man Parallelen mit der kleinen Axe, durch die Punkte b, b′ im kleinen Kreise Parallelen mit der großen Axe, so geben ihre Schnittpunkte c, c′ Punkte der verlangten Ellipse.

Construirt man noch einen dritten Kreis um M mit dem Radius MA + MC (in der Figur ist dieser Kreis nicht angegeben), und wird derselbe von dem Radius Mba in d geschnitten, so ist die Verbindungslinie dieses Punktes mit dem entsprechenden Punkte c eine Normale der Ellipse im Punkte c.

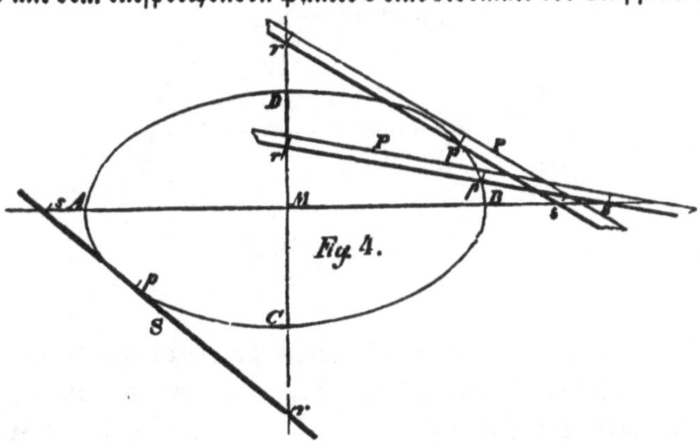

Aufl. 4. Man nehme einen geraden Streifen Papier P, oder einen Stock, Latte, Stange S und markire darauf einen beliebigen Punkt p; von

p trage man ps gleich der halben kleinen Axe MD, nach der anderen Seite pr gleich der halben großen Axe MA auf, und verschiebe nun den Streifen Papier oder den Stock so, daß der Punkt s stets in der großen, der Punkt r stets in der kleinen Axe zu liegen kommt, und gebe bei jeder Lage den Punkt p auf der Zeichnung an, so erhält man dadurch so viele Punkte zur Ellipse, als man haben will. —

Diese Construction ist auch in dem Falle noch anwendbar, wenn AB und CD zwei conjugirte Durchmesser der Ellipse sind. —

Ueber eine Construction der Ellipse durch Tangenten siehe Aufg. 70.

Aufgabe 69.

Eine Ellipse mit Hülfe der Brennpunkte F und F′ und der großen Axe zu construiren.

Wenn die Brennpunkte nicht direct gegeben sind, sondern nur die beiden Axen, so beschreibe man mit der halben großen Axe MA (s. die Figur auf S. 68) um den Endpunkt der kleinen Axe einen Kreisbogen. Die Schnittpunkte desselben mit der großen Axe sind die Brennpunkte F und F′ der Ellipse.

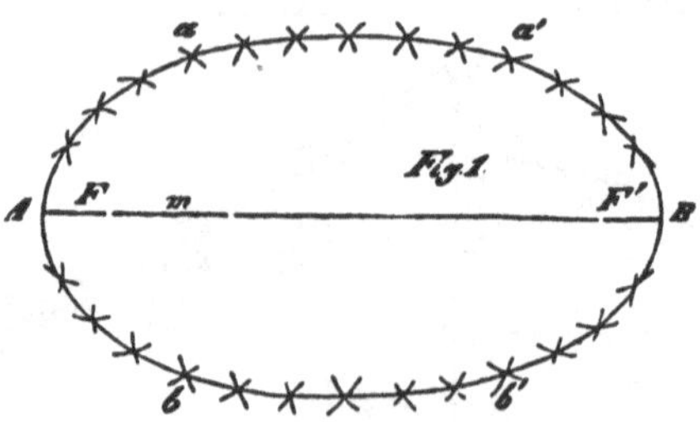

Aufl. 1. Man nehme in AB einen beliebigen Punkt m an, beschreibe mit Am aus F und F′ die Bogen bei a, b und a′, b′ und schneide dieselben mit Bm aus F in a′ und b′, aus F′ in a und b. Auf diese Weise kann man so viele Punkte der Ellipse erhalten, als man will.

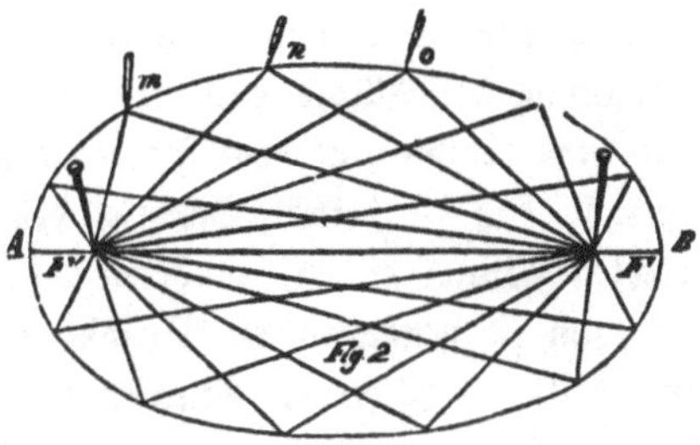

Aufl. 2. Man befestige in den beiden Brennpunkten F und F' zwei Stifte, lege um dieselben eine Schnur von der Länge der großen Axe AB, vermehrt um die Entfernung beider Brennpunkte FF', nehme alsdann einen Zeichenstift und spanne mit demselben die Schnur straff an, so erhält man durch Fortbewegung dieses Zeichenstiftes von m nach n, nach o rc. die verlangte Ellipse.

Obgleich diese Methode wegen ihrer leichten Ausführung stets in der Praxis, z. B. von Gärtnern, Steinbrückern und mehren anderen angewandt wird, sobald sehr große Ellipsen auf Ebenen construirt werden sollen, wobei die Genauigkeit, welche man in der Zeichnung auf dem Papiere wünscht, nicht gefordert wird, so läßt sie sich doch im Kleinen nicht mit Genauigkeit auf dem Papiere ausführen, da die Elasticität des Fadens stets größere und kleinere Fehler verursachen wird.

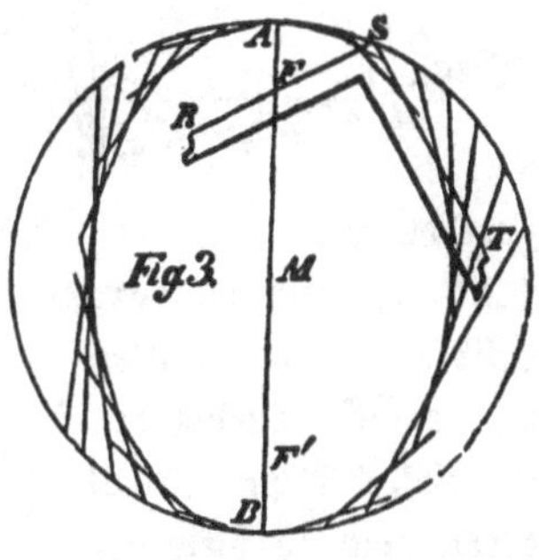

Aufl. 3. Construction der Ellipse durch Tangenten. Man beschreibe mit der großen Axe AB als Durchmesser einen Kreis und lege ein rechtwinkliges Lineal RST so an, daß der eine Schenkel RS durch einen Brennpunkt geht, und die Spitze S in die Peripherie des Kreises zu liegen kommt,

und ziehe am andern Schenkel die Linie ST, so ist diese eine Tangente der Ellipse. Auf diese Weise kann man beliebig viel Tangenten ziehen, und durch deren Umhüllung die Ellipse entstehen lassen. Soll mit Hilfe dieser Methode genau eine Ellipse auf dem Papier construirt werden, so ist nicht nur erforderlich, daß die beiden Schenkel des Lineals des Zeichners genau einen rechten Winkel bilden, sondern daß auch die Spitze S sehr scharf sein muß, um sie genau in die Peripherie des Kreises stellen zu können; das Letztere ist bei hölzernen Linealen in der Regel nicht der Fall, da deren Spitze bei S durch den Gebrauch sehr bald stumpf geworden ist. Besitzt daher der Zeichner kein Lineal von Metall und will er dennoch eine Ellipse durch Tangenten genau construiren, so wende er die Auflösung der folgenden Aufgabe an, welche wohl in keiner Beziehung etwas zu wünschen übrig läßt.

Aufgabe 70.

Eine Ellipse durch Tangenten zu construiren, wenn zwei conjugirte Durchmesser derselben gegeben sind.

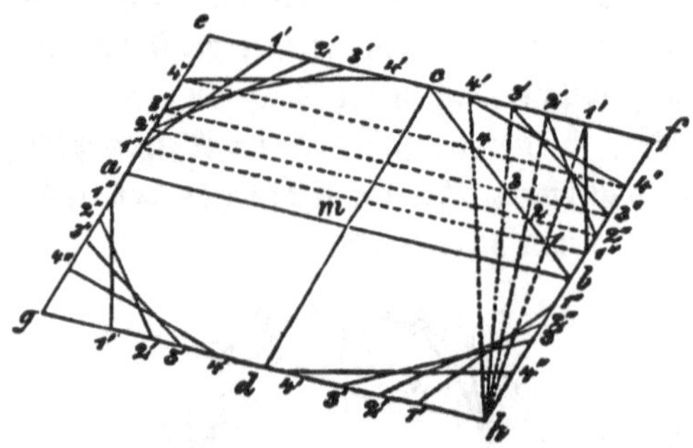

Aufl. Es seien gegeben die conjugirten Durchmesser ab und cd; ziehe ef und gh parallel ab, eg und fh parallel cd, so sind eg, fh, ef, gh die Tangenten der Ellipse in den Punkten a, b, c, d.

Ziehe bc und nehme darauf beliebig die Punkte 1, 2, 3 an, ziehe h11′, h22′, h33′ und 11″, 22″, 33″ parallel ab, so sind 1′1″, 2′2″, 3′3″... Tangenten der Ellipse, deren man so viele erhalten kann als man will.

Zeichnet man nun mehrere solche nahe auf einander folgende Tangenten (in der Figur sind der Deutlichkeit wegen nur 4 angegeben), so umhüllen diese einen Theil der Ellipse; die übrigen Theile erhält man entweder auf dieselbe Weise oder indem man die Längen c1′, c2′, c3′ von c aus auf ce und von d aus auf dg und dh, und b1″, b2″, b3″ von b aus auf bh und von a aus auf ae und ag mit dem Zirkel oder mit Hülfe eines Papierstreifens überträgt.

Bemerkung. Diese Construction, welche Herr Professor Pohlke angegeben hat, hat vor vielen anderen Constructionen große Vorzüge; sie ist, mit unwesentlichen Aenderungen überhaupt, stets dann anwendbar, wenn die Ellipse als die Parallel- oder Centralprojection (perspectivisches Bild) eines Kreises angesehen werden kann, wobei das der Ellipse umschriebene Vierseit einem dem Kreise umschriebenen Quadrate entspricht.

Vgl. „Des Ingenieurs Taschenbuch" herausgegeben von dem Verein „Hütte" und „Mathematische Tabellen, Formeln und Constructionen" von H. Hertzer, Berlin 1864, pag. 341.

Aufgabe 71.

Durch Kreisbogen eine einer Ellipse ähnlich aussehende Curve zu construiren.

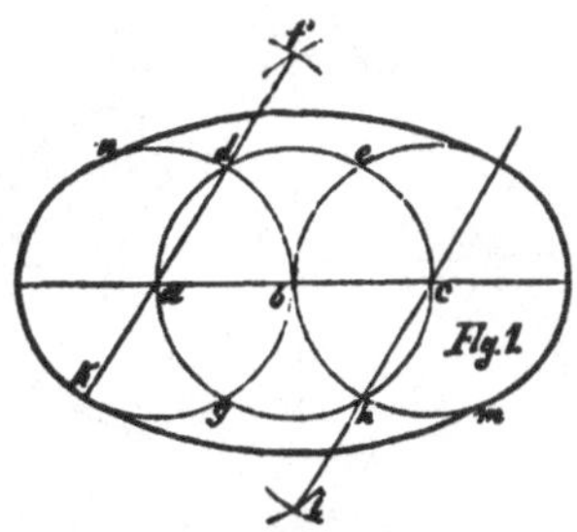

Fig. 1

Aufl. 1. Man beschreibe aus a, b, c drei gleiche beliebige Kreise, schneide mit derselben Oeffnung des Zirkels aus d und e in f, und aus c in l, dann aus g und h in i und aus g in k; aus f mit fk den Bogen km, aus i mit il den Bogen ln.

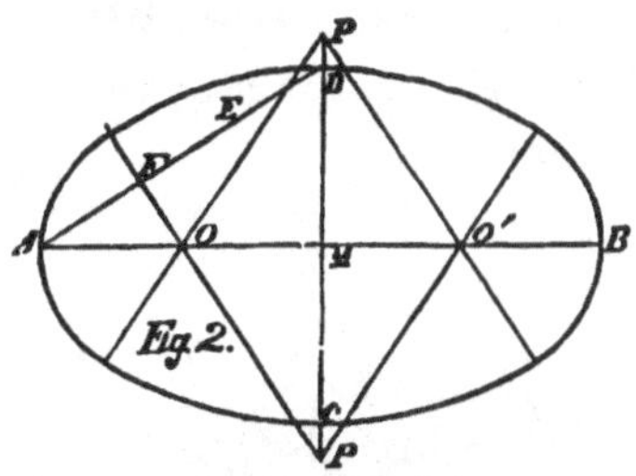

Fig. 2.

Aufl. 2. Sind die beiden Axen AB, CD gegeben, so ziehe man AD, mache DE = MA — MD und ziehe durch die Mitte von AE durch F eine Senkrechte, die AM in O, CD in P schneidet, mache MO′ = MO, MP′ = MP, so sind O, O′, P, P′ die Mittelpunkte zu den vier Kreisbogen.

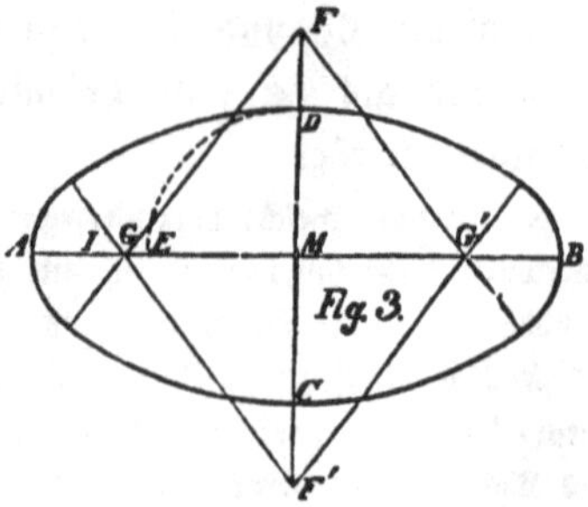

Aufl. 3. Sind die beiden Axen AB, CD gegeben, so mache man ME = MD, halbire AE in I und mache MF = MF' = 4AI, MG = MG' = 3AI, so erhält man in F, F', G, G' die Mittelpunkte zu den 4 Kreisbogen.

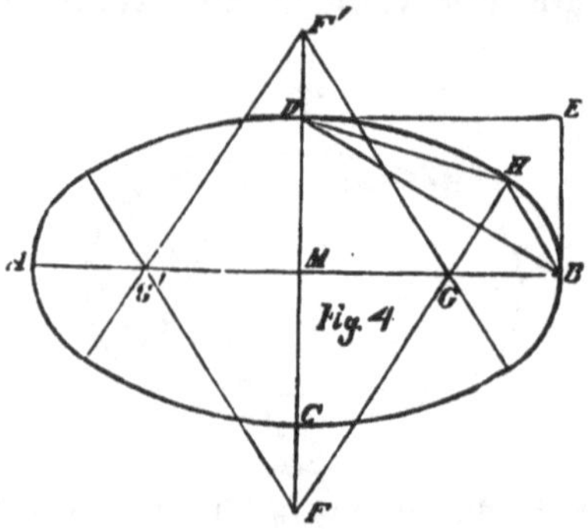

Aufl. 4. Sind die beiden Axen AB, CD gegeben, so construire man das Rechteck MDEB, ziehe die Diagonale DB und halbire die Winkel BDE und DBE'; wo sich die Halbirungslinien in H schneiden, ziehe man durch H eine Senkrechte auf DB; diese schneidet MB in G, MC in F, mache dann MG' = MG, MF' = MF, so hat man in F, G, F', G' die Mittelpunkte zu den 4 Kreisbogen.

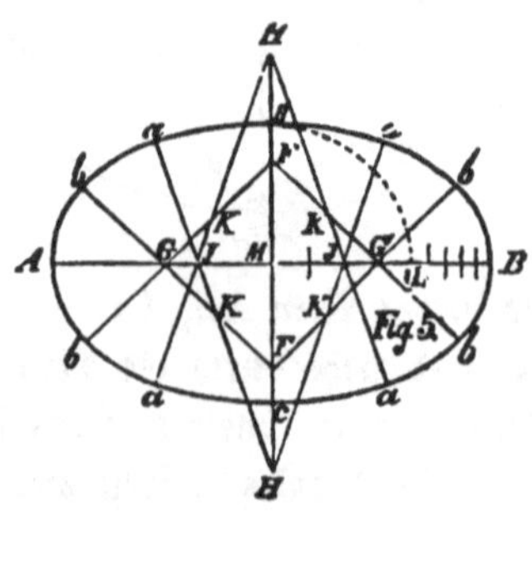

Aufl. 5. Sind die beiden Axen AB, CD gegeben, so mache man ME = MD; theile EB in 5 gleiche Theile, mache MG = MF = FH = ⅘EB, MI = ¾MG und ziehe FG und HI, die sich in K schneiden, so ist H der Mittelpunkt für den Bogen aa, K der Mittelpunkt für den Bogen ab und G der Mittelpunkt für den Bogen bb.

Fig. 6.

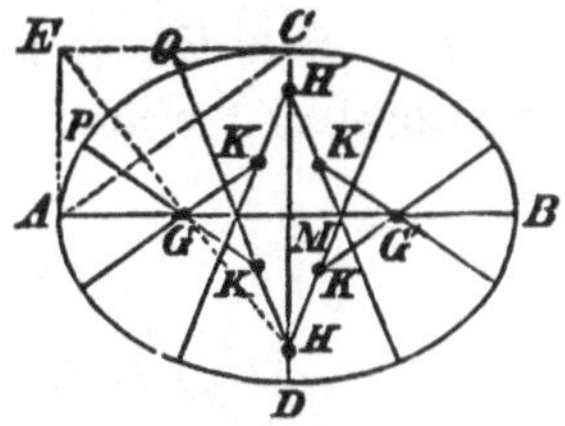

Aufl. 6. Gegeben AB und CD. Ziehe AE parallel MC und CE parallel MA; ziehe AC und EGH senkrecht auf AC. Construire ½ (CH − AG) und beschreibe mit diesem Radius um G und H Kreisbogen, welche sich in K schneiden. Ziehe endlich KG, HK, so sind G, K, H die Mittelpunkte der Bogen AP, PQ, QC.

Bemerkung. Die hier construirten Kreise um G und H sind die Krümmungskreise in den Scheiteln der Ellipse, welche AB und CD zu Axen hat. Diese Kreise schließen sich in der Nähe der Scheitel unter allen Kreisen der Ellipse am innigsten an. Die Kenntniß derselben ist für den Zeichner wichtig. Die hier angegebene Construction der Krümmungsmittelpunkte G und H ist von Herrn Pohlke.

Aufgabe 72a.

Der Umfang einer Ellipse ist gegeben, man soll den Mittelpunkt der beiden Axen und die Brennpunkte construiren.

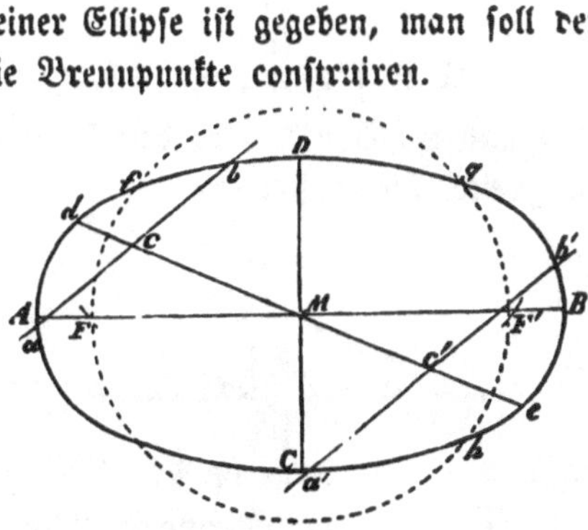

Aufl. Man ziehe zwei parallele Sehnen ab, a'b', halbire sie in c und c' und ziehe cc' bis d und e, halbire de in M, so ist M der Mittelpunkt der Ellipse. Aus M beschreibe einen Kreis, der den Umfang der Ellipse in f, g und h schneidet, und ziehe durch M AB parallel fg, CD parallel gh, so sind AB, CD die beiden Axen. Aus C oder D schneide mit AM in F und F′, so hat man dadurch die Brennpunkte gefunden.

Aufgabe 72b.

Zwei conjugirte Durchmesser einer Ellipse sind der Größe und Lage nach gegeben, man soll die Hauptaxen derselben finden.

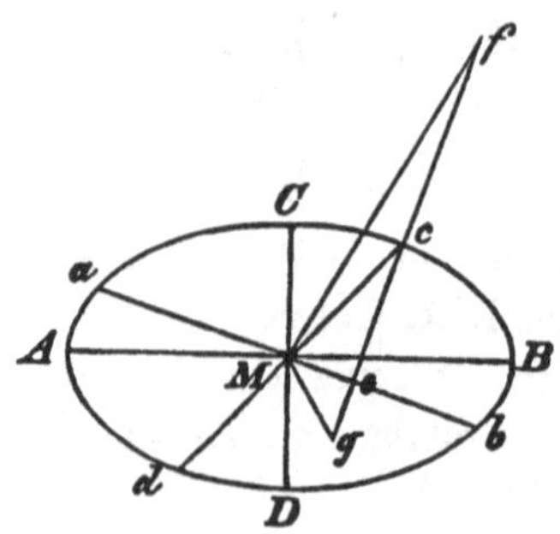

Aufl. Gegeben seien die conjugirten Durchmesser ab und cd. Fälle von c aus auf ab das Perpendikel ce, mache cf = cg = Mb, ziehe Mf und Mg, so ist die Halbirungslinie des Winkels fMg die Richtung der großen Axe. Die Länge derselben MA = MB beträgt $\frac{1}{2}$(Mf + Mg). Die kleine Axe steht auf der großen senkrecht und hat die Länge MC = MD = $\frac{1}{2}$(Mf — Mg).

Aufgabe 73.

Es ist eine Axe und ein Punkt m in dem Umfange einer Ellipse gegeben, man soll die zweite Axe construiren.

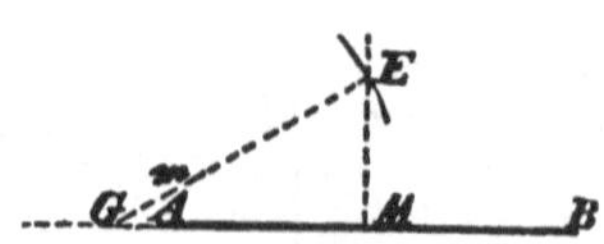

Aufl. 1. Fall. Es sei die große Axe AB und der Punkt m gegeben. Man halbire AB in M, errichte eine Senkrechte ME, und schneide aus m mit AM in E, ziehe mE, bis sie die Verlängerung von AB in G schneidet, so ist Gm die halbe kleine Axe.

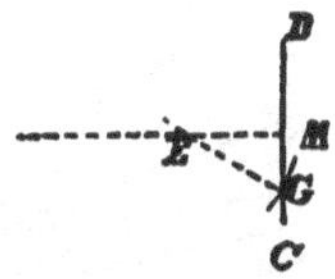

2. Fall. Es sei die kleine Axe CD und der Punkt m gegeben. Man halbire CD in M, ziehe das Perpendikel ME und schneide aus m mit MD in E und verlängere mE bis G, so ist mG die halbe große Axe.

Aufgabe 74.

In einem gegebenen Punkte a der Ellipse eine Tangente zu ziehen.

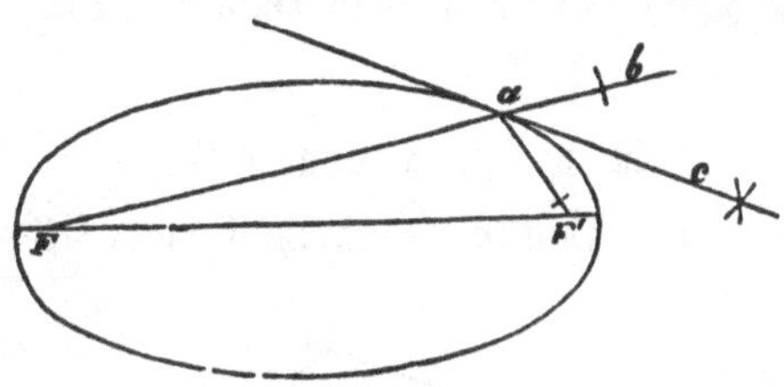

Aufl. Man ziehe von a zwei Gerade nach den beiden Brennpunkten F und F', verlängere die eine über a nach b hinaus und halbire den Winkel F'ab, so ist die Halbirungslinie ac Tangente in a.

Aufgabe 75.

Eine Ellipse und eine Tangente derselben sind gegeben, man soll den Berührungspunkt construiren.

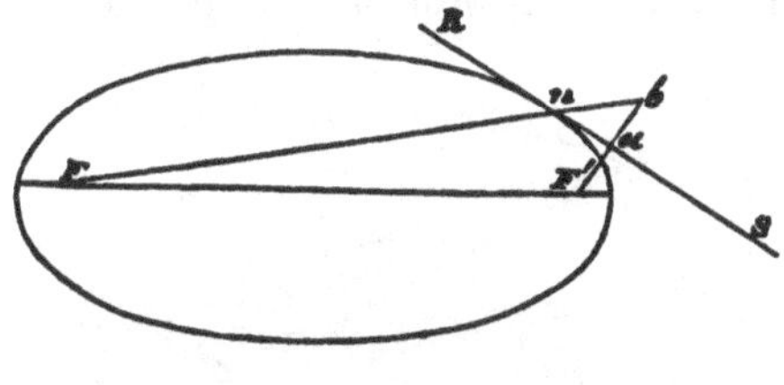

Aufl. 1. Man fälle von dem einen der beiden Brennpunkte, etwa F', eine Senkrechte auf die Tangente RS, mache ab = aF' und ziehe von b nach dem anderen Brennpunkte eine Gerade, so geht diese durch den Berührungspunkt n.

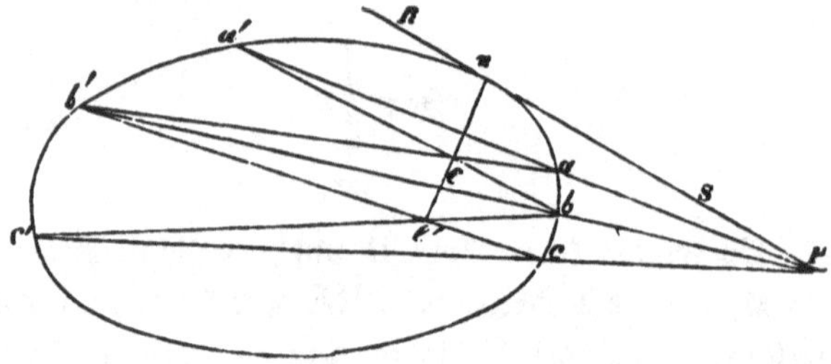

Aufl. 2. Man nehme in der Tangente RS einen beliebigen Punkt P an, ziehe aus P drei Secanten und verbinde die Schnittpunkte je zweier derselben kreuzweise, wodurch man die Punkte e und e′ erhält; diese mit einander verbunden geben dann den Berührungspunkt n. Vgl. die Bemerk. zu Aufg. 12.

Aufgabe 76.

Von einem gegebenen Punkte a außerhalb einer Ellipse eine Tangente an dieselbe zu construiren.

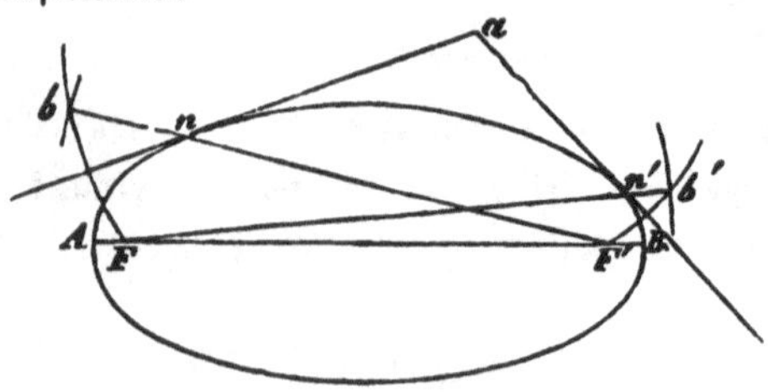

Aufl. 1. Aus a beschreibe man mit aF und aF′ zwei Bogen, schneide dieselben mit AB aus F in b′, aus F′ in b und ziehe F′b und Fb′, so erhält man durch die Schnittpunkte n und n′ die Berührungspunkte der Tangenten aus a.

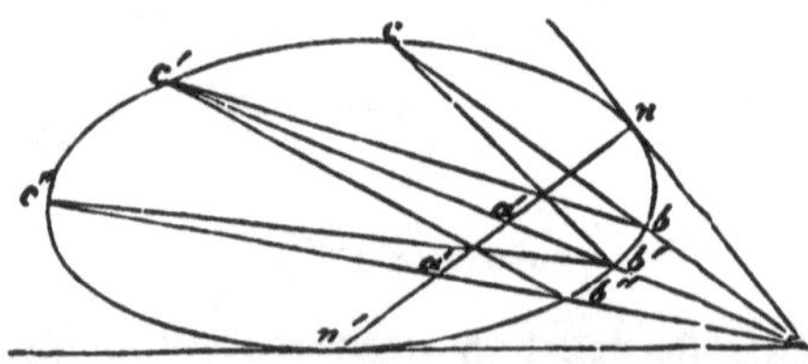

Aufl. 2. Man ziehe aus a drei beliebige Secanten, verbinde die Schnittpunkte kreuzweise, so erhält man die Punkte dd′; diese mit einander verbunden geben die Berührungspunkte n, n′.

Aufgabe 77.

An eine Ellipse eine Tangente zu ziehen, die mit einer gegebenen Geraden RS parallel ist.

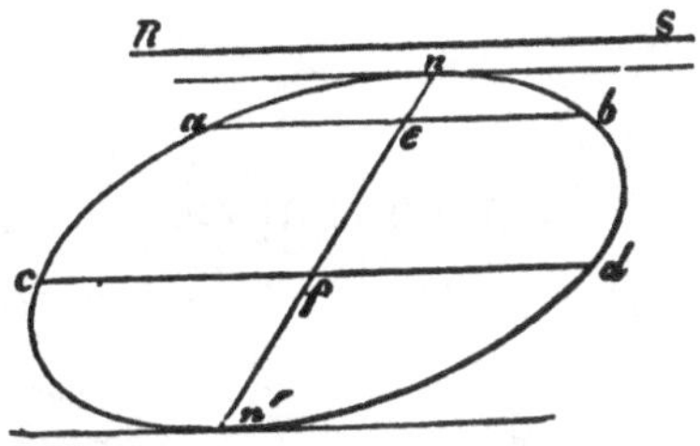

Aufl. Man ziehe mit RS zwei parallele Sehnen ab, cd, und halbire dieselben in e und f, ziehe durch ef die Gerade bis n und n', so sind dieses die Berührungspunkte.

Aufgabe 78.

Zu einem gegebenen Durchmesser ab der Ellipse den zugehörigen conjugirten zu construiren.

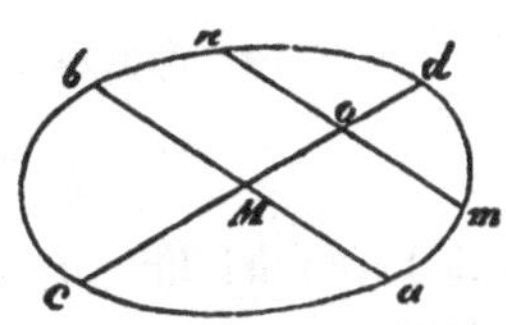

Aufl. Man ziehe mit ab eine parallele Sehne mn, halbire sie in o und ziehe Mo bis c und d, so ist cd der conjugirte Durchmesser zu ab.

Von der Parabel.

Bezeichnungen.

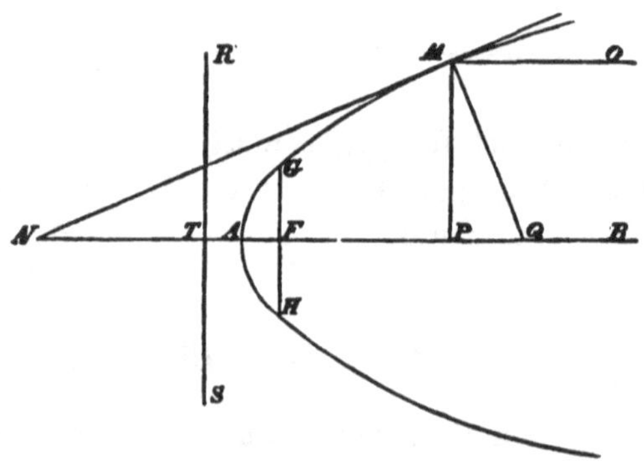

Man nennt: AB die Axe oder den Hauptdurchmesser der Parabel,
A den Scheitelpunkt,
F den Brennpunkt,
GH den Parameter, und bezeichnet ihn durch p,
RS die Leitlinie (Directrix),
MO einen Durchmesser,
MN die Tangente in Punkte M,
NP die zu demselben Punkte gehörende Subtangente,
MQ die Normale im Punkte M,
PQ die Subnormale desselben,
PM die Ordinate } des Punktes M.
AP die Abscisse }

Einige der wichtigsten Eigenschaften der Parabel.

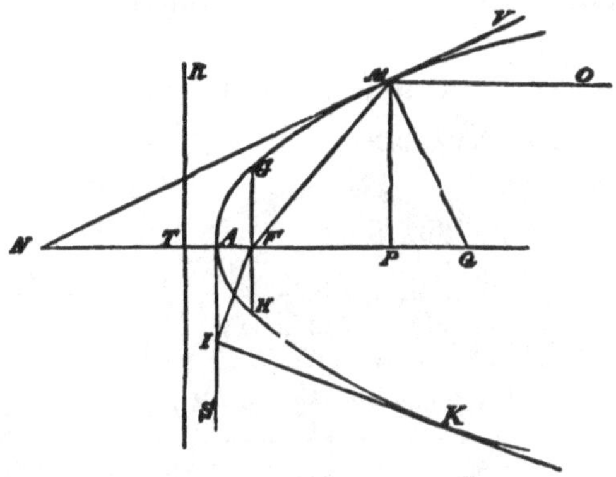

I. Der Scheitelpunkt A liegt in der Mitte zwischen dem Brennpunkte F und der Directrix RS, seine Entfernung von beiden ist der vierte Theil des Parameters GH.

Jeder Punkt der Parabel hat vom Brennpunkte F und der Directrix TR gleich großen Abstand. Vgl. Aufg. 23.

II. Die Quadrate der Ordinaten verhalten sich, wie die ihnen zugehörigen Abscissen, d. h. es gilt stets die Proportion

$$PM^2 : FG^2 = AP : AF.$$

III. Der Parameter ist die vierte Proportionallinie zu einer Abscisse und der ihr zugehörigen Ordinate, d. h. es ist

$$AP : PM = PM : GH.$$

IV. Die Subtangente NP ist doppelt so groß als die Abscisse AP.

V. Die Subnormale PQ ist dem halben Parameter GH gleich.

VI. Ist NV eine Tangente der Parabel und zieht man von dem Berührungspunkte M eine Linie nach dem Brennpunkte F und MO parallel mit der Axe, so bilden diese beiden Linien gleiche Winkel mit der Tangente, d. h. es ist

$$\angle NMF = \angle VMO.$$

VII. Schneidet eine Tangente KI die im Scheitelpunkte A errichtete Senkrechte in I, und zieht man von I nach dem Brennpunkte F die Gerade IF, so ist FIK immer ein rechter Winkel.

VIII. Der Krümmungsradius für den Scheitel der Parabel ist gleich $2AT = FG = \frac{1}{2}p$. Für einen beliebigen Punkt M ist der Krümmungsradius doppelt so groß als das zwischen M und der Directrix TR liegende Stück der Normale, aber entgegengesetzt gerichtet.

Aufgabe 79.

Eine Parabel zu construiren.

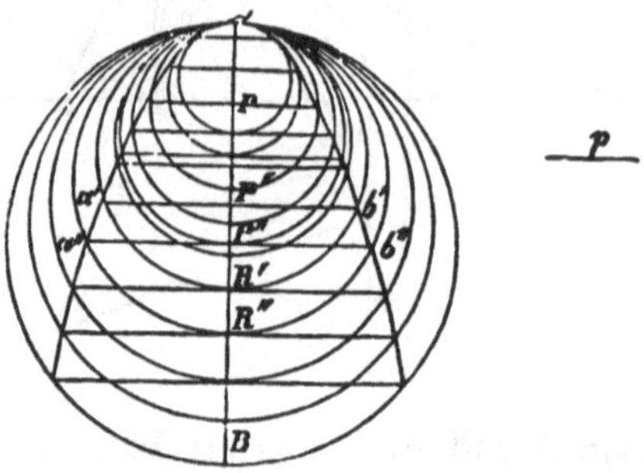

Aufl. 1. Ist der Scheitelpunkt A und die Länge des Parameters AP = p gegeben, so nehme man in der Axe AB beliebige Punkte P′, P″... an, mache P′R′ = P″R″ = AP = p, beschreibe mit AR′, AR″ als Durchmesser Kreise und ziehe durch P′, P″ Senkrechte auf die Axe AB; wo diese die zugehörigen Kreise in a′, b′, a″, b″ schneiden, hat man Punkte der verlangten Parabel.

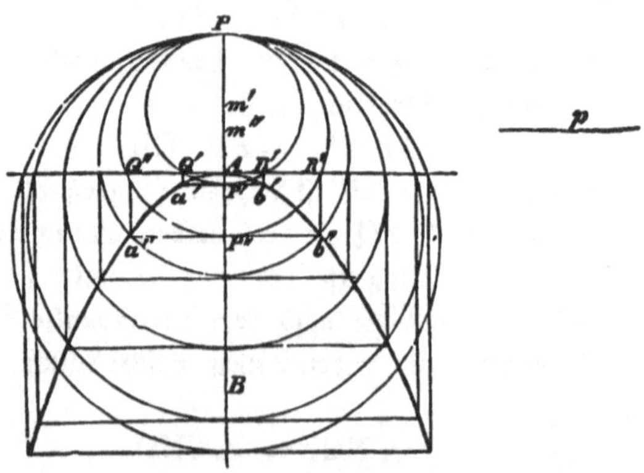

Aufl. 2. Ist der Scheitelpunkt A und der Parameter p gegeben, so ziehe man durch A eine Senkrechte auf die Axe AB, mache oberhalb A AP = p und beschreibe aus einem beliebigen Punkte m′ mit m′P einen

Kreis, der die Axe AB in P', die Senkrechte durch A in Q' und R' schneidet, ziehe durch Q', R' Parallelen mit AB und durch P' eine Parallele mit Q'R', wo diese die vorigen Parallelen in a', b' schneidet, hat man zwei Punkte der Parabel. Eben so findet man die Punkte a'', b''.

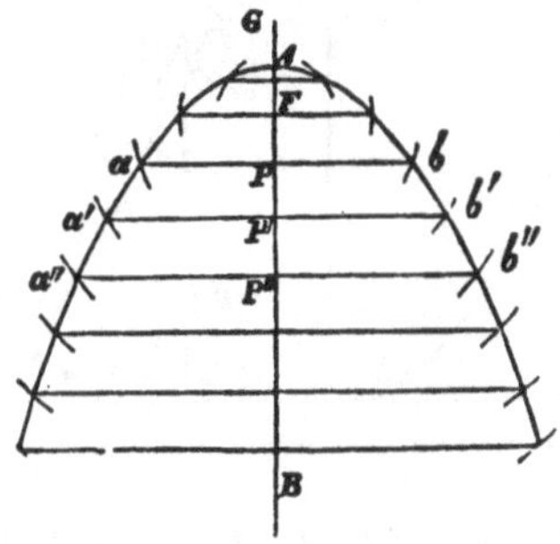

Aufl. 3. Ist der Scheitelpunkt A und der Brennpunkt F gegeben, so mache man AG = AF, nehme in der Axe AB einen beliebigen Punkt P an und ziehe durch denselben eine Senkrechte, schneide diese aus F mit der Entfernung PG in a und b, so sind dieses Punkte der Parabel. Eben so findet man die Punkte a', b', a'', b'' 2c.

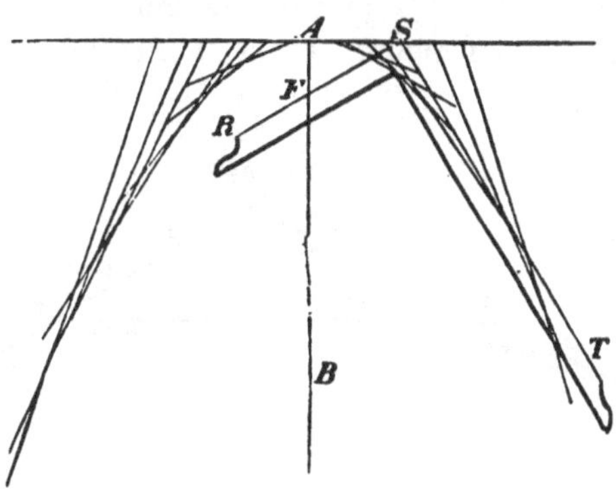

Aufl. 4. Construction der Parabel durch Tangenten. Ist der Scheitelpunkt A und der Brennpunkt F gegeben, so ziehe man durch A eine Senkrechte auf die Axe, und bewege ein rechtwinkliges Lineal so, daß der eine Schenkel RS stets durch den Brennpunkt F geht, die Spitze des Lineals S aber stets in der Senkrechten durch A bleibt, und ziehe am andern Schenkel die Linie ST, so ist diese eine Tangente der Parabel. Auf diese

Weise ziehe man so viele nahe an einander liegende Tangenten, daß die Parabel durch dieselben umhüllt wird.

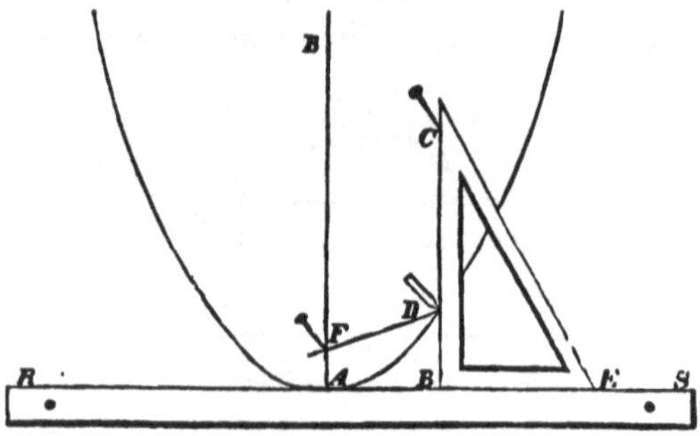

Aufl. 5. Ist der Scheitelpunkt A und der Brennpunkt F gegeben, so ziehe man durch A eine Senkrechte auf die Axe, lege ein Lineal RS an dieselbe und befestige es, alsdann lege man ein rechtwinkliges Dreiecklineal mit der einen Kathete an RS an und befestige das Ende eines Fadens von der Länge CB + AF in C, das andere Ende im Brennpunkte F und schiebe nun das dreieckige Lineal von A nach S fort, spanne mit einem Stifte den Faden stramm an, so daß das Stück CD desselben dicht an der Seite BC des Lineals anliegt, so ist D alsdann ein Punkt der verlangten Parabel.

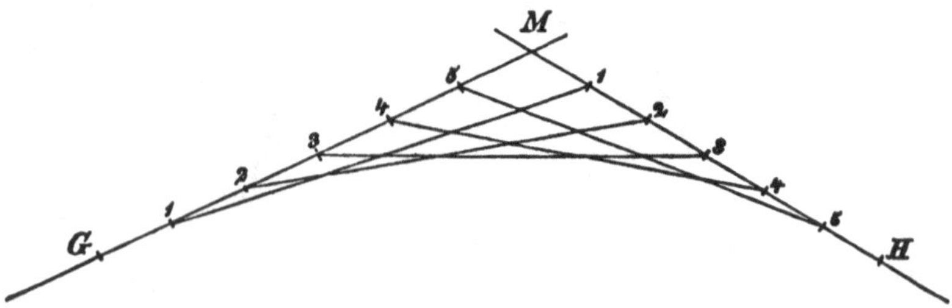

Aufl. 6. Sind zwei gerade Linien MG und MH gegeben und soll man einen Parabelbogen zeichnen, welcher MG in G, MH in H berührt, so theile man MG und MH in n gleiche Theile (hier 6), und ziehe die Geraden 11, 22, 33 u. s. w., so umhüllen diese die gesuchte Parabel.

Diese Construction kann mit Vortheil dann angewendet werden, wenn es sich überhaupt darum handelt, flache Bogen zu zeichnen.

Aufgabe 80.

Die Axe einer Parabel zu finden.

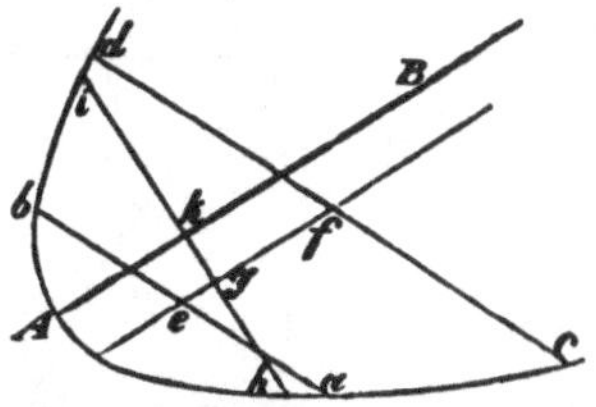

Aufl. Man ziehe zwei beliebige parallele Sehnen ab, cd, halbire dieselben in e und f, ziehe ef und durch einen beliebigen Punkt g eine Sehne ih senkrecht auf ef, halbire ih in k, und ziehe durch k parallel ef die Achse AB.

Aufgabe 81.

Den Parameter einer Parabel zu finden.

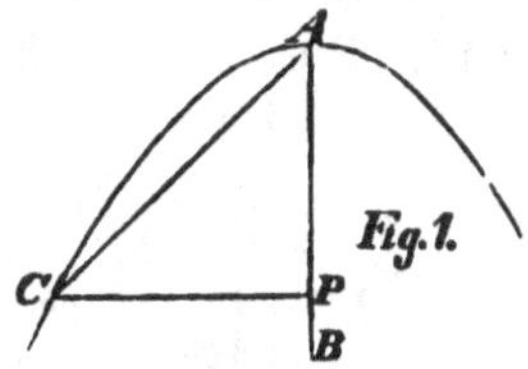

Fig. 1.

Aufl. 1. Man ziehe aus dem Scheitelpunkte A eine Sehne AC, die mit der Axe AB einen halben rechten Winkel bildet; aus dem Schnittpunkte C dieser Sehne mit der Parabel ziehe man eine Senkrechte CP auf die Axe AB, so ist CP = AP der Parameter.

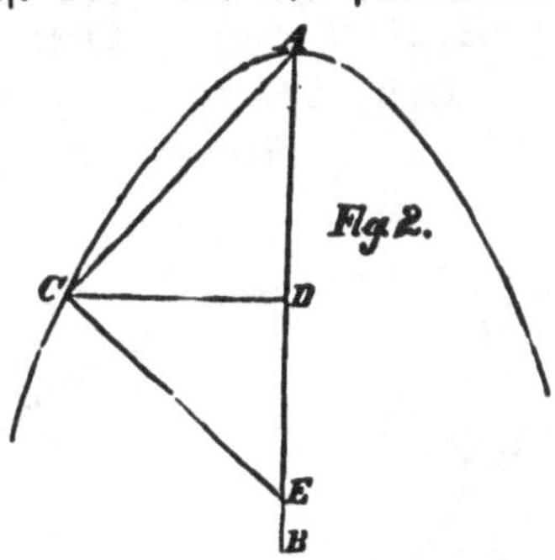

Fig. 2.

Aufl. 2. Man ziehe aus dem Scheitelpunkte A eine beliebige Sehne AC, fälle aus C ein Perpendikel CD auf die Axe AB und zeichne ein Perpendikel CE auf AC selbst, so ist DE der Parameter.

Aufgabe 82.

Den Brennpunkt und die Directrix einer Parabel zu construiren.

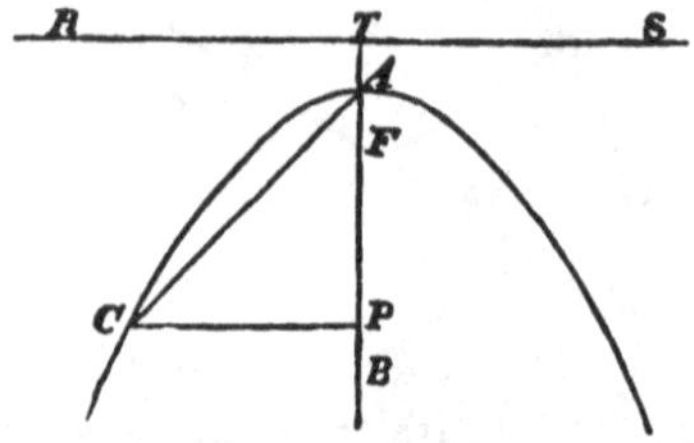

Aufl. Man ziehe vom Scheitelpunkte A aus eine Sehne AC unter einem halben rechten Winkel, fälle die Senkrechte CP auf die Axe AB, mache AF = AT = $\frac{1}{4}$AP und ziehe durch T die Senkrechte RS auf die Axe, so ist F der Brennpunkt, RS die Directrix.

Aufgabe 83.

In einem gegebenen Punkte M der Parabel eine Tangente zu construiren.

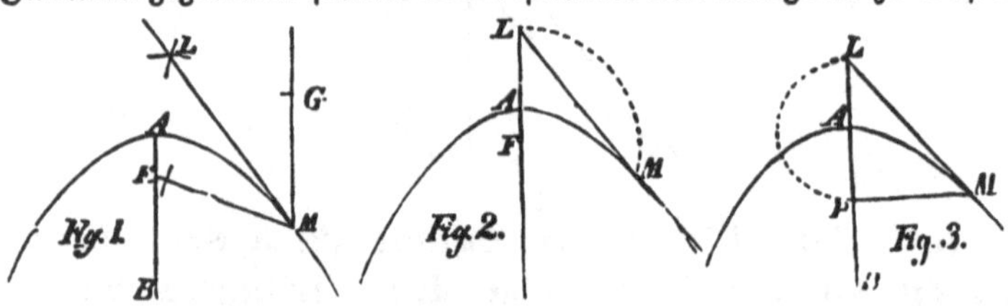

Aufl. 1. Man verbinde (Fig. 1) den gegebenen Punkt M mit dem Brennpunkte F, ziehe MG parallel der Axe AB und halbire den Winkel FMG durch ML, so ist ML die Tangente. Oder: man mache (Fig. 2) FL = FM und ziehe LM. Oder: man ziehe (Fig. 3) durch M eine Senkrechte MP auf die Axe AB, mache AL = AP und ziehe ML.

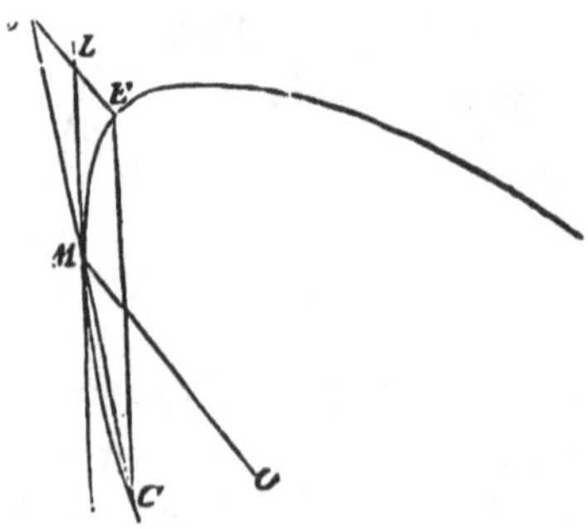

Aufl. 2. Man ziehe durch den gegebenen Punkt M einen Durchmesser MO und eine Sehne MC, verlängere MC und mache MD = MC, ziehe durch D eine Parallele DE mit MO, und ziehe durch M mit CE eine Parallele ML, so ist diese Tangente in M.

Aufgabe 84.

Von einem gegebenen Punkte M außerhalb einer Parabel eine Tangente an dieselbe zu ziehen.

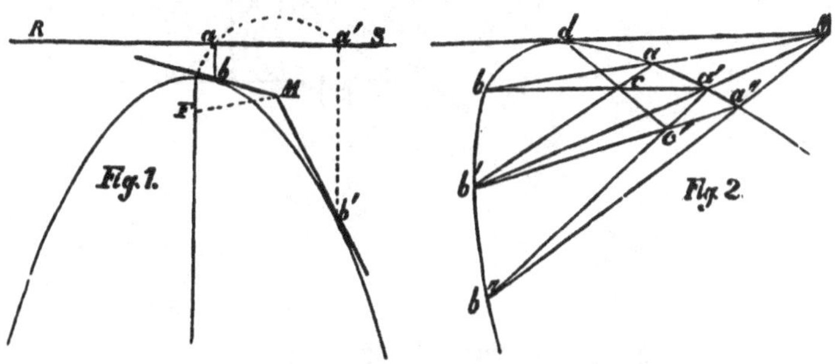

Aufl. 1. Ist der Brennpunkt F und die Directrix RS gegeben, so schneide man (Fig. 1) aus M mit MF die Directrix in a und a', ziehe durch a und a' die Senkrechten ab, a'b'; wo diese die Parabel in b und b' schneiden, sind die Berührungspunkte, und man ziehe dann Mb, Mb'.

Aufl. 2. Aus dem gegebenen Punkte M ziehe man (Fig. 2) drei Secanten, verbinde die Durchschnittspunkte kreuzweise, so erhält man dadurch die Punkte c und c'; verbindet man nun diese, so erhält man den Berührungspunkt d.

Von der Hyperbel.

Bezeichnungen.

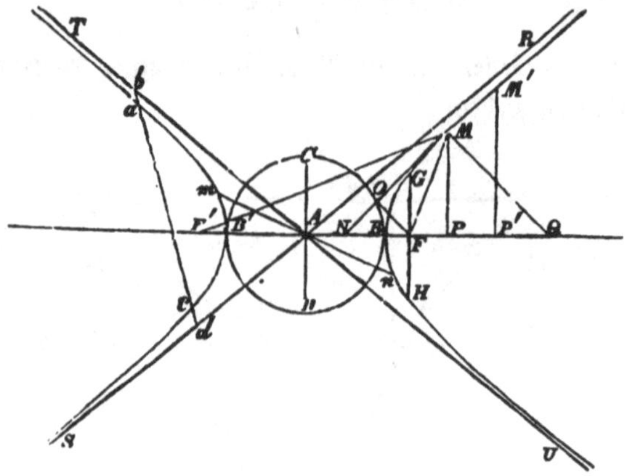

Man nennt: A den Mittelpunkt der Hyperbel,
B und B' die Scheitelpunkte,
F und F' die Brennpunkte,
BB' die Hauptaxe, die erste Axe,
CD die imaginäre Axe, die zweite Axe, wenn BC = BD = AF ist,
mn einen Durchmesser,
GH den Parameter, und bezeichnet ihn durch p,
RS, TU Asymptoten,
MN die Tangente, MQ die Normale } im Punkte M,
NP die Subtangente, PQ die Subnormale, AP die Abscisse, PM die Ordinate } des Punktes M,
den Winkel RAU = TAS den Asymptotenwinkel,
die Hyperbel gleichseitig, wenn beide Axen BB' und CD einander gleich sind, der Asymptotenwinkel also ein rechter ist,
FM, F'M Radii vectores, Leitstrahlen.

Einige der wichtigsten Eigenschaften der Hyperbel.

I. Die Quadrate der Ordinaten verhalten sich wie die Producte der Entfernungen der Fußpunkte der Abscissen von den beiden Scheitelpunkten der Hyperbel, d. h. es ist

$$PM^2 : P'M'^2 = BP . B'P : BP' . B'P'.$$

II. Zieht man durch zwei beliebige Punkte a und c in der Hyperbel die Gerade ac, bis sie beide Asymptoten schneidet, so ist immer ab = cd.

III. Die Radii vectores FM, F'M machen mit der Tangente MN und der Normale MQ gleiche Winkel, d. h. es ist

$$\angle FMN = F'MN.$$

IV. Der Parameter GH ist die vierte Proportionallinie zur ersten Axe BB' und zweiten CD, d. h. es ist

$$B'B : CD = CD : GH.$$

V. Zieht man durch einen Brennpunkt F eine Senkrechte FO auf eine Tangente MN, so liegt der Durchschnittspunkt O in der Peripherie des über der ersten Axe BB' beschriebenen Kreises.

VI. Errichtet man in B auf AB ein Loth, so ist das Stück desselben zwischen B und einer Asymptote gleich der halben zweiten Axe, gleich AC. Errichtet man auf der Asymptote in dem Durchschnittspunkte mit dem vorigen Lothe ein Perpendikel, so schneidet dieses die Hauptaxe in dem Krümmungsmittelpunkte des Scheitels der Hyperbel. Der Krümmungsradius ist gleich dem halben Parameter.

Aufgabe 85.

Eine Hyperbel zu construiren.

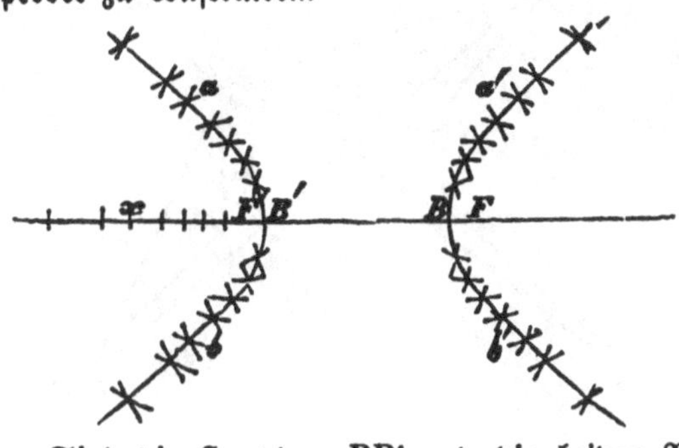

Aufl. 1. Sind die Hauptaxe BB' und die beiden Brennpunkte F, F' gegeben, so nehme man auf BB' über F' hinaus einen beliebigen Punkt

x an, schneide mit Bx aus F in a und b, aus F' in a' und b' die Bogen, die man mit B'x aus F' bei a und b, aus F bei a' und b' gemacht hat, so erhält man zwei Punkte für jeden Zweig der Hyperbel.

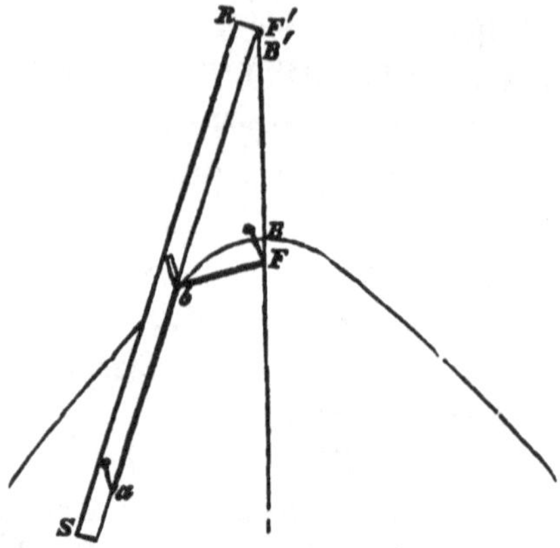

Aufl. 2. Sind die Hauptaxe B'B und die beiden Brennpunkte F, F' gegeben, so befestige man ein Lineal RS, daß es um den Punkt F' gedreht werden kann; in einem beliebigen Punkte a der Kante des Lineals befestige man das eine Ende eines Fadens von der Länge F'a — BB', das andere Ende in dem Brennpunkte F, bewege nun das Lineal um F' und ziehe den Faden straff an, so daß das Ende ab des Fadens genau an der Kante des Lineals anliegt, so ist b ein Punkt der gesuchten Hyperbel.

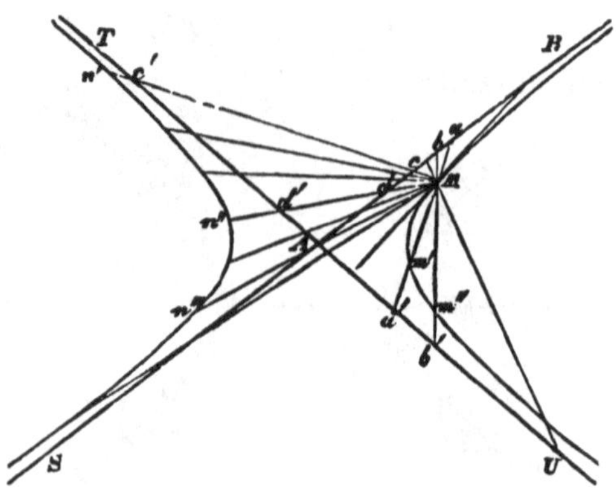

Aufl. 3. Sind die beiden Asymptoten RS, TU und ein Punkt M der Hyperbel gegeben, so ziehe man durch M beliebige Linien aa', bb',

cc', dd', welche beide Asymptoten schneiden und mache aM = a'm', bM = b'm'', cM = c'n', dM = d'n'' ꝛc., so sind m', m''... Punkte für den einen Zweig, n', n''... für den andern Zweig der Hyperbel.

Aufgabe 86.

Den Mittelpunkt einer gegebenen Hyperbel zu construiren.

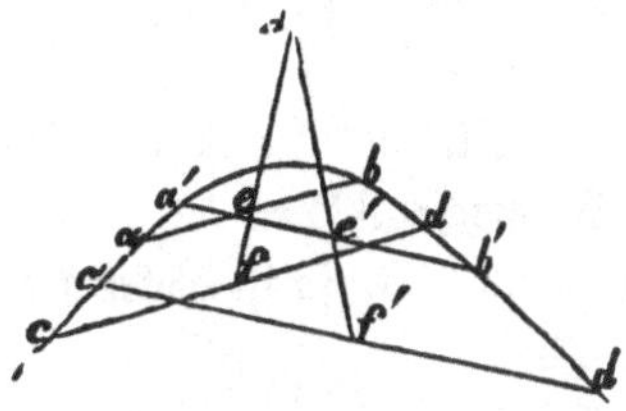

Aufl. Man ziehe zwei parallele Sehnen ab, cd und verbinde ihre Mittelpunkte e, f, ziehe zwei andere parallele Sehnen a'b', c'd', und verbinde gleichfalls ihre Mittelpunkte e', f'; wo sich dann diese Verbindungslinien in A schneiden, ist der Mittelpunkt der Hyperbel.

Aufgabe 87.

Die Hauptaxe einer Hyperbel zu construiren.

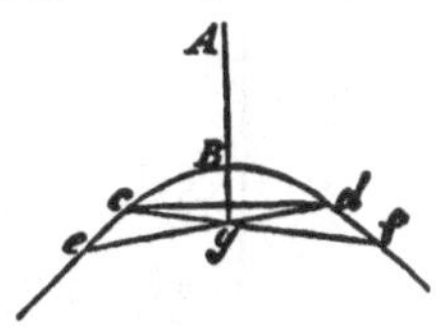

Aufl. Aus dem Mittelpunkte A schneide man mit einem beliebigen Radius die Hyperbel in c und d, halbire den Bogen cd in B und ziehe AB; oder man ziehe die Sehne cd und aus A eine Senkrechte AB auf dieselbe; oder man schneide nochmals in e und f, ziehe de und ef und verbinde den Schnittpunkt g mit A, so ist AB die halbe Hauptaxe.

Aufgabe 88.

Die zweite oder imaginäre Axe einer Hyperbel zu construiren.

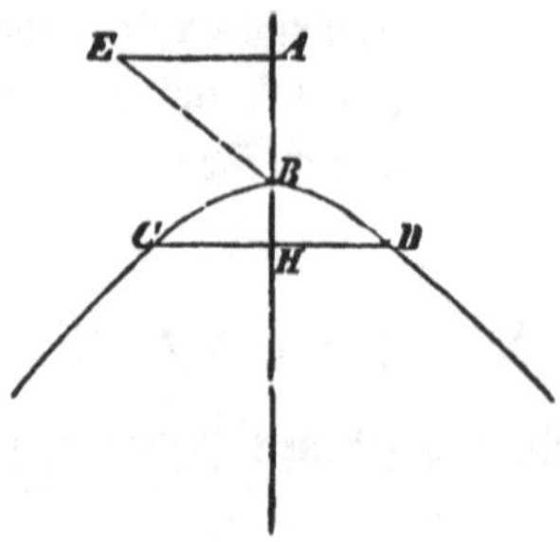

Aufl. Man ziehe im Mittelpunkte A der Hyperbel eine Senkrechte AE auf die Hauptaxe AB, mache AE = AB und trage von A, BE nach H, ziehe durch H die Senkrechte CD, so ist dieses die Länge der zweiten Axe.

Aufgabe 89.

Die Brennpunkte und den Parameter einer Hyperbel zu construiren.

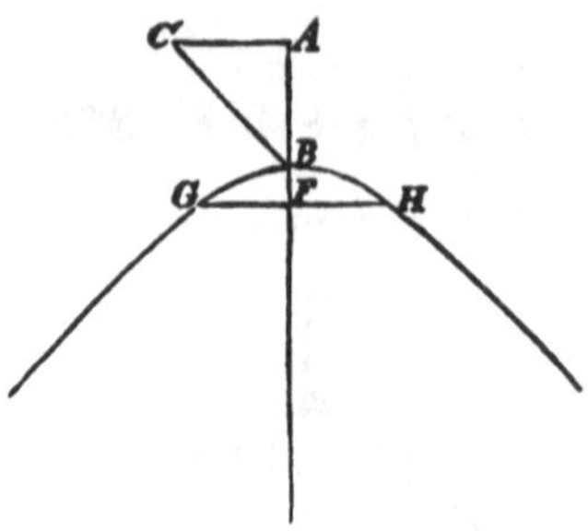

Aufl. Man ziehe im Mittelpunkte A der Hyperbel eine Senkrechte AC auf die Hauptaxe AB, mache AC gleich der halben zweiten Axe und trage von A, BC nach F, so ist F der Brennpunkt, und die Senkrechte durch F, GH der Parameter.

Aufgabe 90.

Die Asymptoten einer Hyperbel zu construiren.

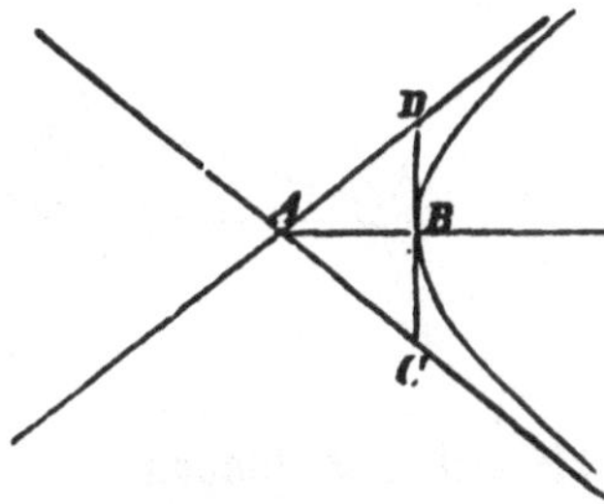

Aufl. 1. Man errichte im Scheitelpunkte B der Hyperbel eine Senkrechte CD auf der Hauptaxe AB, mache BC = BD gleich der halben zweiten Axe und ziehe AC, AD.

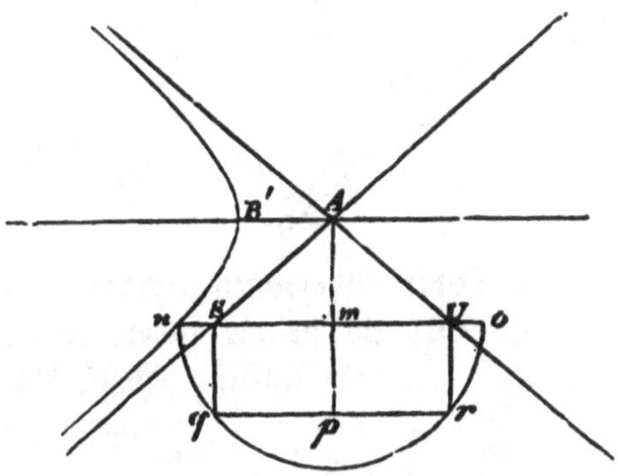

Aufl. 2. Man errichte im Mittelpunkte A der Hyperbel eine Senkrechte Ap auf der Hauptaxe AB′, durch einen beliebigen Punkt m in derselben ziehe man eine Parallele mit AB′ und mache mo = mn, errichte über no einen Halbkreis und mache mp = AB′, ziehe durch p eine Parallele qr mit no, und durch q und r die Parallelen qS, rU mit Ap, so sind AS, AU die Asymptoten der Hyperbel.

Aufgabe 91.

In einem gegebenen Punkte M der Hyperbel eine Tangente an dieselbe zu construiren.

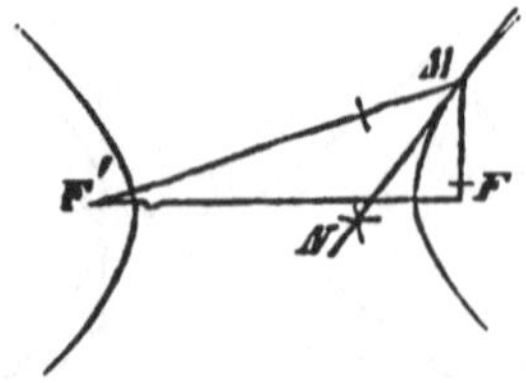

Aufl. 1. Sind die beiden Brennpunkte F und F′ gegeben, so ziehe man die beiden radii vectores FM, F′M und halbire den Winkel FMF′ durch MN.

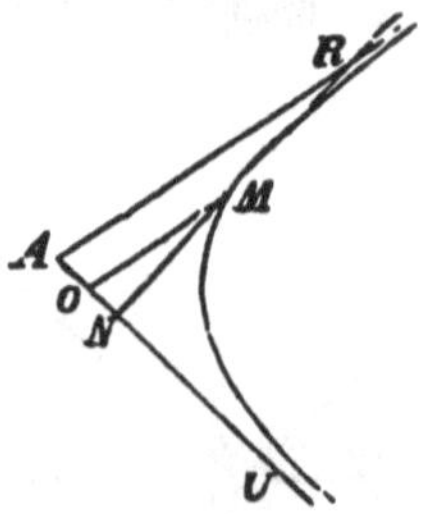

Aufl. 2. Sind die beiden Asymptoten gegeben, so ziehe man durch M eine Parallele MO mit AR, bis sie die andere Asymptote AU in O schneidet, mache ON = AO und ziehe NMR. (Es ist MN = MR.)

Aufgabe 92.

Von einem gegebenen Punkte P außerhalb einer Hyperbel eine Tangente an dieselbe zu construiren.

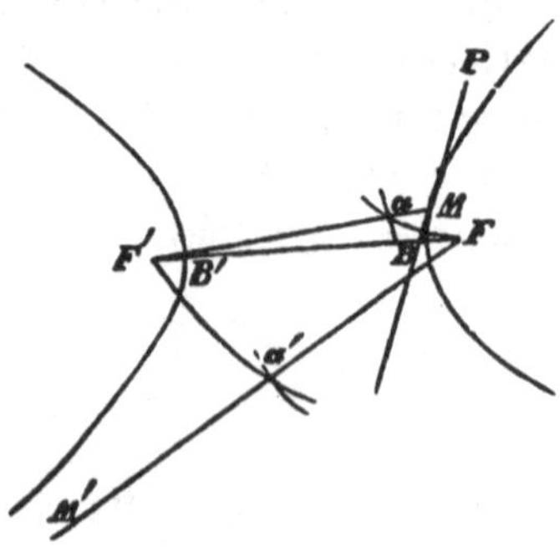

Aufl. 1. Man beschreibe aus P mit PF, PF′ zwei Bogen Fa und F′a′, schneide diese aus dem andern Brennpunkte mit der Hauptaxe BB′

als Radius in a und a', und ziehe F'a bis M, Fa' bis M', so sind M und M' die Berührungspunkte.

Aufl. 2. Ebenso wie Aufg. 76 Aufl. 2.

Aufgabe 93.

An eine Hyperbel eine Tangente zu ziehen, die mit einer gegebenen Geraden parallel ist.

Aufl. Ebenso wie Aufg. 77.

Aufgabe 94.

Ein Oval oder eine Eilinie zu construiren.

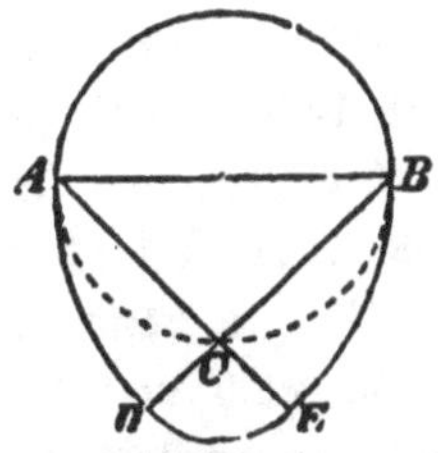

Aufl. 1. Man beschreibe über einer Linie AB einen Kreis, mache AC = BC, aus A mit AB den Bogen BE, aus B den Bogen AD und aus C den Bogen DE.

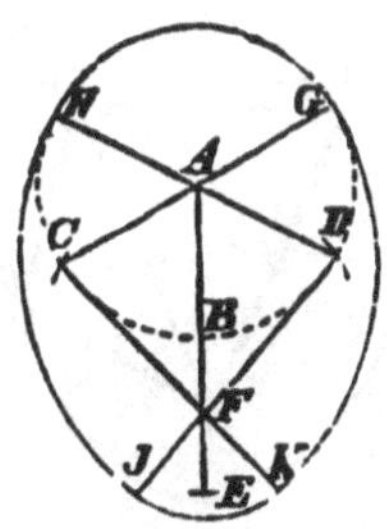

Aufl. 2. Man beschreibe aus A mit AB einen Kreis, schneide aus B mit demselben Radius in C, D und E, halbire BE in F und ziehe CG, DH, CK, DI; aus D mit DH den Bogen HI, aus C den Bogen GH und aus F den Bogen IK.

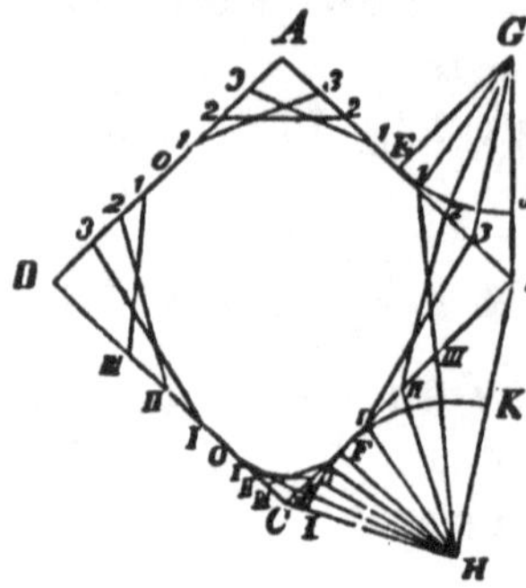

Aufl. 3. Construction durch Tangenten. Man construire das Quadrat ABCD, halbire AB in E und nehme auf BC den Punkt F beliebig an, doch so, daß CF kleiner als die Hälfte von BC, mache die Perpendikel in E und F = AE und beschreibe aus G und H die Bogen EI, FK, FL, theile jeden in beliebig viel gleiche Theile und ziehe durch die Theilpunkte und G und H Linien, bis sie die Seiten des Quadrates in den Punkten 1, 2, 3 und I, II, III schneiden, trage die Theilpunkte der Reihe nach von E nach A und dann von A nach D; eben so die Theilpunkte auf CB der Reihe nach von C nach D und verbinde die Punkte, wie die Figur zeigt, so entsteht durch die Tangenten in dem Quadrate eine Eilinie.

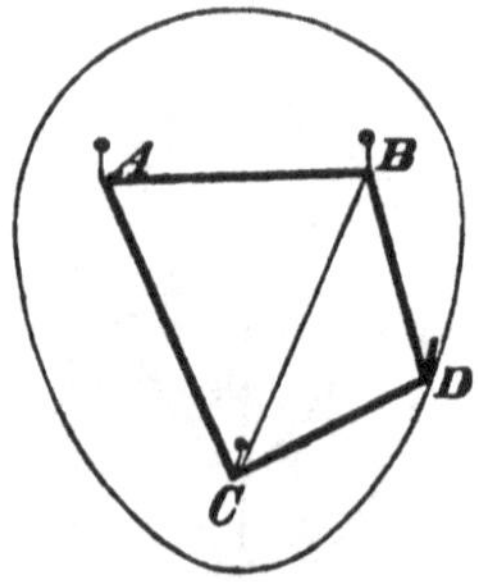

Aufl. .4 Man befestige in den drei Endpunkten eines gleichschenkligen Dreiecks ABC Stifte, lege um dieselben eine Schnur und spanne mit einem Zeichenstift dieselbe straff an, so erhält man durch Fortbewegung dieses Stiftes eine Eilinie.

Aufgabe 95.

Die Evolvente oder Abwicklungslinie eines Kreises zu construiren.

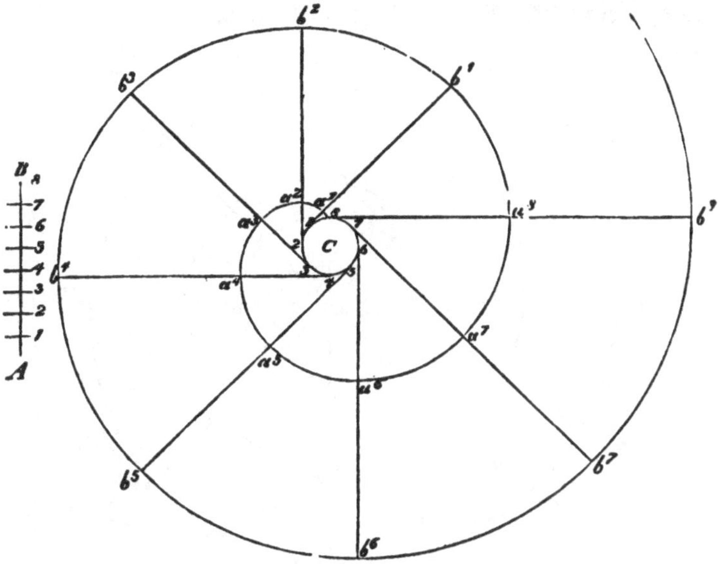

Aufl. Man construire eine Linie AB gleich der Peripherie des gegebenen Kreises (Aufg. 67), theile diese und die Peripherie in beliebig viel gleiche Theile, z. B. hier in 8, ziehe in jedem Theilpunkte des Kreises eine Tangente, und mache die erste Tangente $a'1 = A1$, $a^2 2 = A2$, $a^3 3 = A3$ ic., so wird die letzte Tangente $a^8 8 = AB$ gleich dem Umfange des Kreises werden. Setzt man von hier die Evolvente weiter fort, so erhält man die Punkte b leicht, wenn man jedesmal $ab = AB$ macht, wodurch dann die Kreisevolvente die Form einer Spirallinie annimmt. Hat man den Kreis in eine so große Anzahl gleicher Theile getheilt, daß der Unterschied zwischen der Länge eines Bogens und seiner Sehne beim Zeichnen nicht mehr in Betracht kommt, so kann man die Kreisevolvente selbst ohne großen Fehler durch Kreisbogen construiren, deren Mittelpunkte sich auf den Tangenten befinden, welche man durch die Punkte 1, 2, 3 . . . gezogen hat. Man beschreibe dann aus dem Punkte 1 mit 1.8 den Bogen 8a', aus 2 mit 2a' den Bogen $a'a^2$, aus 3 mit $3a^2$ den Bogen a^2a^3 ic.

Aufgabe 96.

Eine archimedische Spirallinie zu construiren.

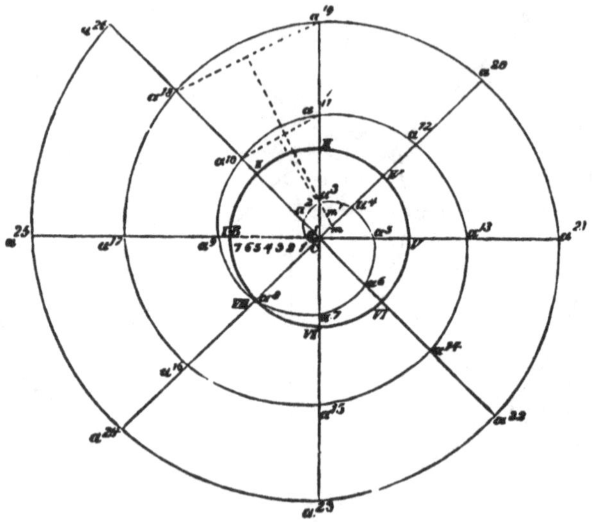

Aufl. Man theile einen Kreis in beliebig viel, hier z. B. in 8 gleiche Theile, und ziehe durch die Theilpunkte I, II, III ꝛc. die verlängerten Radien CI, CII, CIII . . ., theile einen Radius CB in eben so viele gleiche Theile, und trage von C aus auf den ersten Radius CI einen, auf den zweiten Radius CII zwei, auf CIII drei solcher Theile des Radius auf, so erhält man die Punkte a^1, a^2, a^3 ꝛc., die dann, durch eine Curve verbunden, die archimedische Spirale geben. Ist man bis zum Punkte a^8, der in der Peripherie des Kreises in VIII liegen wird, gekommen, und man will die Spirale weiter fortsetzen, so darf man nur den Radius CB von a^1 nach a^9, von a^2 nach a^{10}, von a^3 nach a^{11} abtragen. Will man die Spirale näherungsweise durch Kreisbogen construiren, so ziehe man zwischen zwei auf einander folgenden Punkten, z. B. a^{10}, a^{11}, oder a^{18}, a^{19}, die in den Radien CII, CIII liegen, die Mittellinie, bis sie den nächstfolgenden Radius CIV in m, m' schneidet, und nehme m als Mittelpunkt für den Bogen a^{10}, a^{11}, m' als Mittelpunkt für den Bogen a^{18}, a^{19} an.

Aufgabe 97.

Eine Cycloide oder Radlinie zu construiren.

Fig. 1.

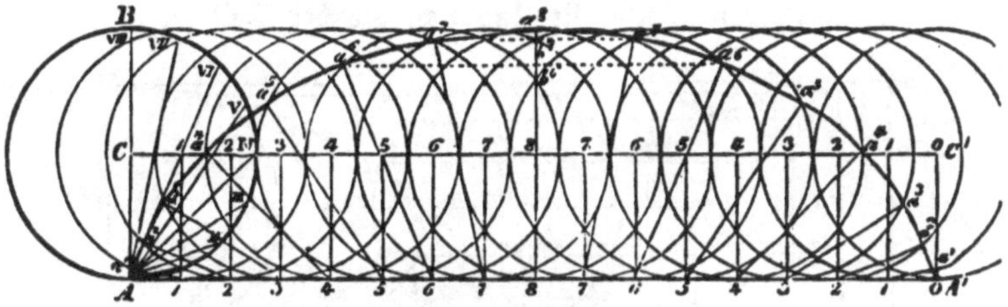

Aufl. 1. Man beschreibe mit dem Radius CA einen Kreis, ziehe den Durchmesser AB und auf diesem CC', AA' senkrecht, mache CC'=AA' gleich dem Umfange des Kreises, und theile diesen in doppelt so viel gleiche Theile als den Halbkreis AB — hier in der Figur z. B. ist CC' in 16, der Halbkreis AB in 8 gleiche Theile getheilt worden — beschreibe aus den Theilpunkten 1, 2, 3... in CC' mit dem Radius CA Kreise, die durch die entsprechenden Theilpunkte 1, 2, 3... in AA' gehen werden, schneide alsdann mit AI aus 1 in AA' den Kreis aus 1 in a^1, mit AII aus 2 in AA' den Kreis aus 2 in a^2, mit AIII aus 3 in AA' den Kreis aus 3 in a^3 2c., so erhält man in A, a^1, a^2, a^3... Punkte der verlangten Cycloide. Man sieht, daß die Cycloide durch die Linie $8a^8$ in zwei congruente Theile getheilt wird, und daß man daher die eine Hälfte leicht durch die andere finden kann, z. B. wenn man durch die Punkte a^7, a^6 Parallelen mit CC' zieht und $a^7b^7 = b^7a^7$, $a^6b^6 = b^6a^6$ macht. Man nennt hier die Linie AA' die Basis der Cycloide, die Senkrechte $8a^8$ im Mittelpunkte der Basis die Axe und den Kreis mit dem Radius CA den Erzeugungskreis, den Punkt A den Erzeugungspunkt.

Einige Eigenschaften dieser Linie sind:

1) die Linien $a^1 1$, $a^2 2$, $a^3 3$ u. s. w. stehen in den Punkten a senkrecht auf der Curve; sie sind also Normalen derselben. Der Krümmungsradius der Curve in einem bestimmten Punkte, ist immer doppelt so groß als die Normale des betreffenden Punktes, also z. B. im Punkte a^8 gleich 2 ($a^8 8$), im Punkte a^7 gleich 2 ($a^7 7$) u. s. w.;
2) die Länge der Cycloide ist dem 8fachen Radius des Erzeugungskreises gleich;
3) der Inhalt der Cycloide ist 3 mal so groß, als der erzeugende Kreis;

4) die Evolvente der Cycloide vom Scheitel a^8 aus ist wieder eine ebensolche Cycloide;

5) wenn ein Pendel in einer Cycloide schwingt, so sind seine Schwingungen isochron, d. h. sie sind von gleicher Zeitdauer.

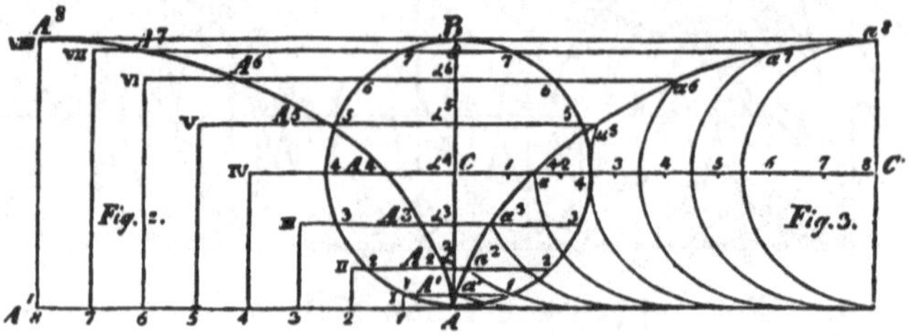

Aufl. 2. Man ziehe Fig. 2 im Erzeugungskreise den Durchmesser AB, AA′ senkrecht darauf und mache AA′ gleich dem halben Kreisumfange, theile diesen in eben so viel gleiche Theile als den Halbkreis AB, ziehe durch die Theilpunkte in AA′ Senkrechte auf AA′ und eben so durch die Theilpunkte des Halbkreises Senkrechte auf AB, wodurch man die Punkte I, II, III ꝛc. und auf dem Durchmesser AB die Punkte α^1, α^2, α^3 ꝛc. erhält; mache alsdann $IA' = 1\alpha^1$; $IIA^2 = 2\alpha^2$; $IIIA^3 = 3\alpha^3$ ꝛc., so erhält man in den Punkten A, A^1, A^2, A^3... bis A^8 Punkte der halben Cycloide.

Aufl. 3. Man ziehe Fig. 3 den Durchmesser AB, durch den Mittelpunkt C eine Senkrechte darauf und mache CC′ gleich dem halben Kreisumfange, theile diesen und den Halbkreis in gleich viele gleiche Theile und ziehe durch die Theilpunkte des Halbkreises Parallelen mit CC′, aus 1 in CC′ schneide man mit dem Radius AC die Parallele durch 1 in a′, aus 2 in CC′ die Parallele durch 2 in a^2, aus 3 in CC′ die Parallele durch 3 in a^3, so geben die Punkte A, a^1, a^2, a^3.... a^8 Punkte der gesuchten halben Cycloide.

Aufgabe 98.

Eine verlängerte Cycloide zu construiren.

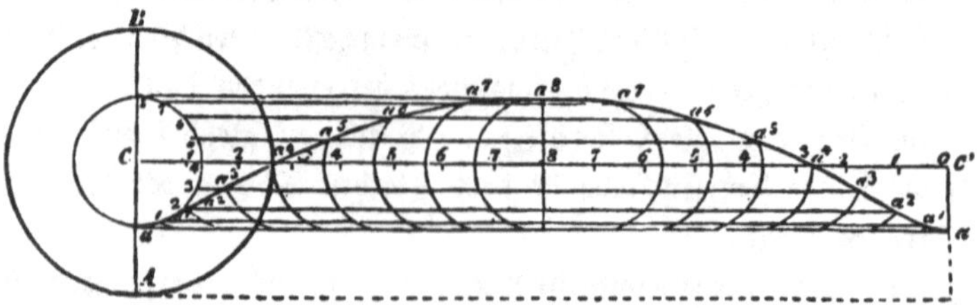

Aufl. Man ziehe durch den Punkt a im Erzeugungskreise, der die verlängerte Cycloide beschreiben soll, einen Durchmesser AB und durch C eine Senkrechte CC′ gleich dem Umfange des Erzeugungskreises, beschreibe aus C mit Ca einen Kreis und theile diesen wie CC′ in eine gleiche Anzahl gleicher Theile, ziehe durch die Theilpunkte im Kreise Parallelen mit CC′ und schneide aus 1 in CC′ mit Ca die Parallele durch 1 in a¹, aus 2 in CC′ die Parallele durch 2 in a², aus 3 in CC′ die Parallele durch 3 in a³ 2c., so geben die Punkte a, a¹, a², a³... verbunden die verlängerte Cycloide.

Aufgabe 99.

Eine verkürzte Cycloide zu construiren.

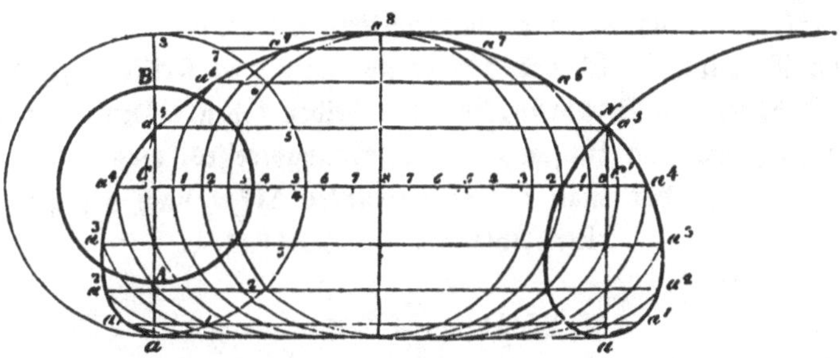

Aufl. Man ziehe durch den Punkt a außerhalb des Erzeugungskreises, der die verkürzte Cycloide beschreiben soll, einen Durchmesser, und durch C senkrecht auf diesen CC′ gleich dem Umfange des Erzeugungskreises, beschreibe aus C mit Ca einen Kreis, und theile diesen wie CC′ in eine gleiche Anzahl gleicher Theile, ziehe durch die Theilpunkte im Kreise Parallelen mit CC′ und schneide aus 1 in CC′ mit Ca die Parallele durch 1 in a′, aus 2 in CC′ die Parallele durch 2 in a² 2c., so geben die Punkte a, a¹, a² 2c. verbunden die verkürzte Cycloide. Aus der Figur ersieht man, daß jeder neue Zweig der verkürzten Cycloide den vorigen in einem Punkte N durchschneidet, was bei der gewöhnlichen und auch bei der verlängerten Cycloide nicht stattfindet.

Aufgabe 100.

Eine Epicycloide zu construiren.

Fig. 1.

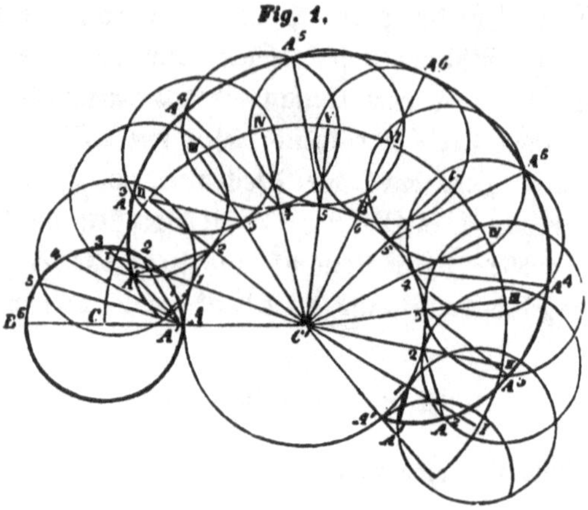

Aufl. 1. Man verbinde den Mittelpunkt C des Erzeugungskreises mit dem Mittelpunkte C′ des als Basis dienenden Kreises, so wird die Linie CC′ durch den Berührungspunkt A beider gehen. Den Bogen AB′A′ mache man gleich dem Umfange des Erzeugungskreises, was am leichtesten dadurch geschieht, daß man den Centriwinkel AC′A′ nach der Proportion

$$2R\pi : 360 = 2r\pi : \angle AC'A'$$

sucht, und hieraus

$$\angle AC'A' = \frac{r}{R} . 360$$

findet, worin r den Radius des Erzeugungskreises, R den Radius des als Basis dienenden Kreises bedeutet. In der Figur z. B. sei AC = r = 5; AC′ = R = 8 angenommen, so ergiebt sich daraus

$$\angle AC'A' = \tfrac{5}{8} . 360 = 225^\circ.$$

Diesen Winkel kann man nun entweder durch einen Transporteur abstecken, oder auch dadurch finden, daß man den Kreis aus C′ von A aus in 8 gleiche Theile theilt und 5 solcher Theile davon nimmt. Man theile nun den Erzeugungskreis und den ihm an Länge gleichen Bogen AB′A′ in dieselbe Anzahl gleicher Theile, beschreibe aus C′ mit C′C einen Bogen, und ziehe die Radien C_1, C_2, C_3 …, bis sie den Bogen in den Punkten I, II, III … schneiden; aus diesen Punkten beschreibe man mit CA Kreise, und schneide aus 1 im Bogen AB′A′ den Kreis aus I mit A1 im Erzeugungskreise in A′; aus 2 im Bogen AB′A′ den Kreis aus II mit A2 in A^2; aus 3 im Bogen AB′A′ den Kreis aus III mit A3 in A^3 &c., so erhält man in A^1, A^2, A^3 &c. Punkte für die Epicycloide.

Die Linien $A^1 1$, $A^2 2$, $A^3 3$ ... sind auch hier die Normalen der Curve in den Punkten A^1, A^2, A^3...

Ueberhaupt geht bei einer jeden Rollcurve die Normale in einem bestimmten Punkte stets durch den jedesmaligen Berührungspunkt.

Während z. B. A nach A^4 gelangt ist, berühren sich die beiden Kreise in 4, folglich ist $A^4 4$ die Normale der Curve im Punkte A^4.

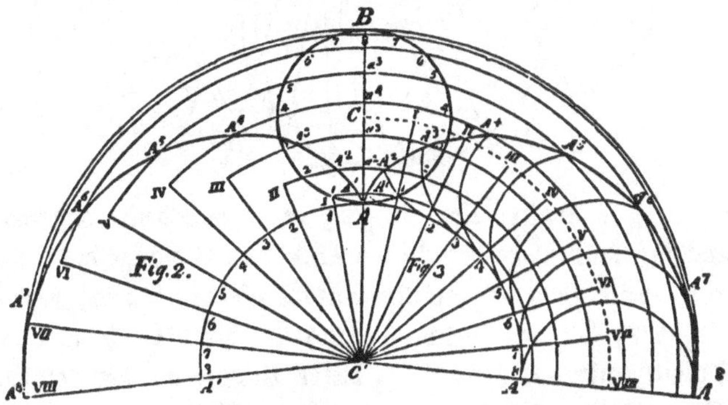

Aufl. 2. Man ziehe Fig. 2 CC' bis B, mache den Bogen AA' gleich der Länge des Halbkreises AB, theile beide in dieselbe Anzahl gleicher Theile, ziehe die Radien C'1, C'2, C'3 ꝛc. und beschreibe aus C' durch die Theilpunkte des Halbkreises concentrische Kreise, bis sie die gleichnamigen Radien in den Punkten I, II, III ... und den Durchmesser AB in den Punkten a^1, a^2, a^3... schneiden, mache alsdann $IA' = a'1$, $IIA^2 = a^2 2$, $IIIA^3 = a^3 3$ ꝛc., so sind A', A^2, A^3 Punkte der Epicycloide.

Aufl. 3. Man ziehe Fig. 3 CC' bis B, mache den Bogen AA' gleich dem Halbkreise AB, theile beide in dieselbe Anzahl gleicher Theile, ziehe die Radien C'1, C'2, C'3..., bis sie den Bogen aus C mit C'C in den Punkten I, II, III ... schneiden, beschreibe aus C' durch die Theilpunkte des Halbkreises concentrische Kreisbogen und schneide mit CA aus I den Bogen durch 1 in A', aus II den Bogen durch 2 in A^2, aus III den Bogen durch 3 in A^3 ꝛc., so sind A^1, A^2, A^3... Punkte der Epicycloide.

Aufgabe 101.

Eine Hypocycloide oder innere Epicycloide zu construiren.

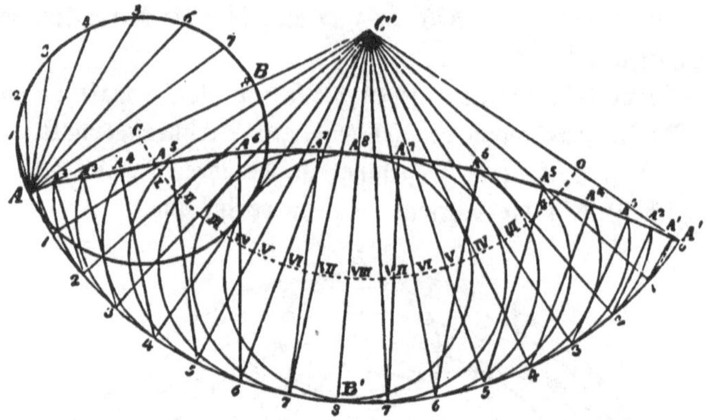

Aufl. 1. Die Construction ist ganz der ersten Auflösung der vorigen Aufgabe analog; man mache den Bogen A8A' dem Umfange des Erzeugungskreises gleich, theile beide in dieselbe Anzahl gleicher Theile, und ziehe die Radien C'1, C'2, C'3 ꝛc., beschreibe aus C' mit C'C einen Bogen, und aus den Schnittpunkten I, II, III ... dieses Bogens mit den Radien, Kreise mit dem Radius CA, schneide dann aus 1 in AB' mit A1 den Kreis aus I in A', aus 2 in AB' mit A2 den Kreis aus II in A^2 ꝛc., so sind A^1, A^2, A^3... Punkte der Hypocycloide.

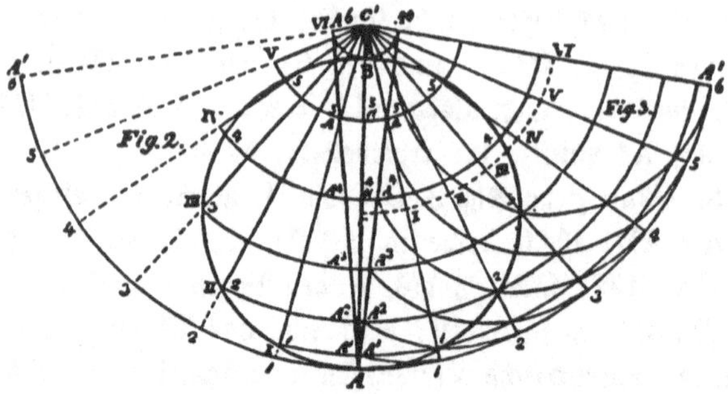

Aufl. 2. Man ziehe Fig. 2 C'C bis A, mache den Bogen AA' gleich der Länge des Halbkreises AB, theile beide in dieselbe Anzahl gleicher Theile und ziehe die Radien C'1, C'2, C'3..., beschreibe aus C' durch die Theilpunkte des Halbkreises Bogen, welche die gleichnamigen Radien in den Punkten I, II, III ... und den Durchmesser AB in den Punkten a^1, a^2, a^3, a^4... schneiden; mache alsdann $a^1 1 = IA$, $a^2 . 2 = IIA^2$, $a^3 . 3 = IIIA^3$, $a^4 . 4 = IVA^4$ ꝛc., so sind A^1, A^2, A^3, A^4... Punkte der Hypocycloide.

Aufl. 3. Man mache den Bogen AA′ (Fig. 3) gleich der Länge des Halbkreises AB, theile beide in gleichviel gleiche Theile, ziehe die Radien C′1, C′2, C′3... und schneide sie aus C′ mit C′C in den Punkten I, II, III..., beschreibe aus C′ durch die Theilpunkte des Halbkreises Bogen, und schneide den Bogen durch 1 mit CA aus I in A^1, den Bogen durch 2 aus II in A^2 ꝛc.

Bemerkung. Ist der Radius CA des Erzeugungskreises die Hälfte des Radius C′A des als Basis dienenden Kreises, so ist die durch den Punkt A der Peripherie erzeugte Hypocycloide eine gerade Linie, nämlich der Durchmesser AB. Jeder andere mit dem Erzeugungskreise fest verbundene Punkt beschreibt in diesem speciellen Falle eine Ellipse.

Aufgabe 102.

Die Epicycloide für den Fall zu construiren, wenn der Erzeugungskreis größer als der als Basis dienende Kreis ist.

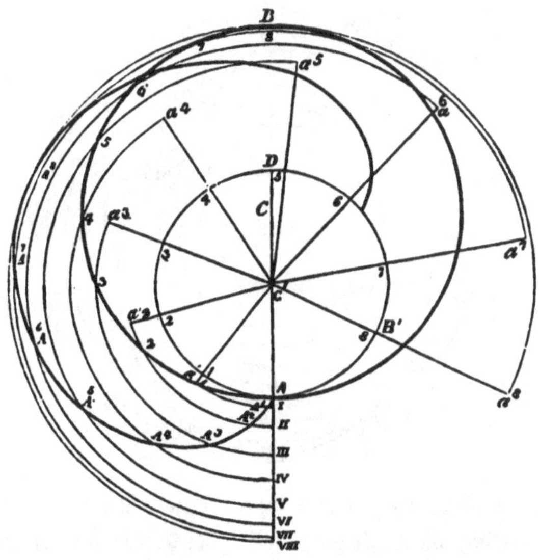

Aufl. Man suche auf dem als Basis dienenden Kreis einen Bogen A36B′, welcher gleich der Länge des Halbkreises AB ist, und den man durch den erhabenen Centriwinkel AC′B′ nach der Proportion

$$r\pi : 180 = R\pi : \angle AC'B'$$

findet, wodurch $\angle AC'B' = \frac{R}{r} . 180$ wird. Ist nun in unserer Figur z. B.

$R = 11$, $r = 7$, so ist $\angle AC'B' = \frac{11}{7} . 180 = 282°51'13''$, welchen Winkel man durch einen Transporteur oder auch dadurch finden kann, daß man den Halbkreis AD in 7 gleiche Theile theilt, und 11 solcher Theile für den Bogen A . 3 . 6 . B′ nimmt. Theile dann den Halbkreis AB und den Bogen AB′ in dieselbe Anzahl gleicher Theile, und beschreibe aus C′ durch die Theilpunkte im Halbkreise Bogen, welche die gleichnamigen Radien in den Punkten a^1, a^2, a^3, a^4... und den verlängerten Radius C′A in den Punkten I, II, III... schneiden, mache alsdann $IA^1 = 1a^1$, $IIA^2 = 2a^2$, $IIIA^3 = 3a^3$ 2c. bis $VIIIA^8 = 8a^8$, so sind A^1, A^2, A^3... A^8 Punkte der Hälfte der gesuchten Epicycloide.

Aufgabe 103.

Eine Cordoide oder Herzcurve zu construiren.

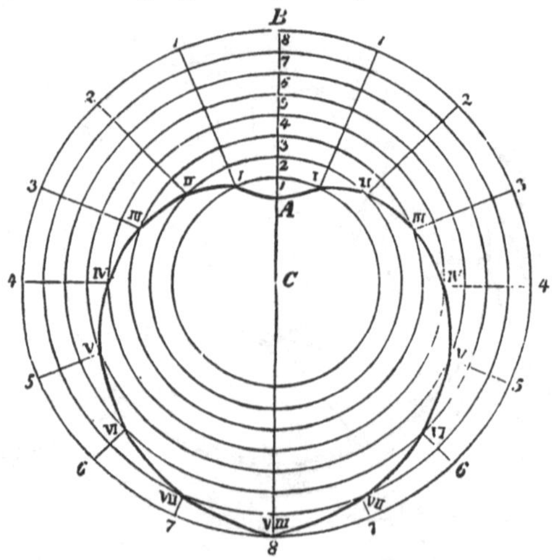

Aufl. Man ziehe BC, nehme darin einen Punkt A beliebig an und theile AB in beliebig viele gleiche Theile, beschreibe aus C durch die Theilpunkte auf AB concentrische Kreise, theile den Halbkreis durch B von B aus in eben so viel gleiche Theile und ziehe den Radius C1, bis er den Kreis durch 1 in I, den Radius C2, bis er den Kreis durch 2 in II 2c. schneidet, so geben die Punkte I, II, III 2c. die verlangte Cordoide.

Wie man sieht, besteht die Curve aus zwei symmetrischen Stücken, von denen jedes ein Theil einer archimedischen Spirale ist.

Zeitfracht Medien GmbH
Ferdinand-Jühlke-Straße 7
99095 Erfurt, Deutschland
produktsicherheit@kolibri360.de